Gastafeln

Physikalische, thermodynamische und brenntechnische Eigenschaften der Gase und sonstigen Brennstoffe

Von

Dr.-Ing. Horst Brückner

Karlsruhe

Sonderdruck aus „Handbuch der Gasindustrie"
Band VI

München und Berlin 1937
Verlag von R. Oldenbourg

Vorwort.

Die Gasindustrie hat in dem letzten Jahrzehnt einen wesentlichen Aufschwung sowohl auf physikalischen, chemischen, thermodynamischen als auch brenntechnischen Gebieten erfahren.

Ich glaube daher einem Bedürfnis der Praxis entsprochen zu haben, wenn in den vorliegenden Gastafeln des »Handbuches der Gasindustrie« möglichst aus sämtlichen Gebieten der Gastechnik alle Rechnungsgrundlagen so vollständig wie möglich zusammengestellt worden sind. Es war dabei mein Bestreben, in allen Zahlentafeln die neuesten Werte aufzuführen. Um seine Handhabung zu erleichtern, haben sich Verlag und Herausgeber entschlossen, die Gastafeln ferner abgetrennt vom »Handbuch der Gasindustrie« einzeln herauszubringen.

Indem ich diese Gastafeln der Öffentlichkeit übergebe, bitte ich die Fachgenossen gleichzeitig um Anregungen für deren weitere Ausgestaltung, um diese nach Möglichkeit für eine Neuauflage verwenden zu können.

Karlsruhe, im Januar 1937.
Gasinstitut

Dr.-Ing. Horst Brückner.

Inhaltsverzeichnis.

A. Physikalische Eigenschaften.

A. Physikalische Eigenschaften.

1.) Atomgewichte.
(1936.)

	Symbol	Atom-gewicht		Symbol	Atom-gewicht
Aluminium . . .	Al	26,97	Neon	Ne	20,183
Antimon	Sb	121,76	Nickel	Ni	58,69
Argon	Ar	39,944	Niob	Nb	92,91
Arsen.	As	74,91	Osmium	Os	191,5
Barium	Ba	137,36	Palladium . . .	Pd	106,7
Beryllium . . .	Be	9,02	Phosphor	P	31,02
Blei	Pb	207,22	Platin	Pt	195,23
Bor	B	10,82	Praseodym . . .	Pr	140,92
Brom	Br	79,916	Quecksilber . . .	Hg	200,61
Cadmium	Cd	112,41	Radium.	Ra	225,97
Caesium	Cs	132,91	Radon	Rn	222
Calcium.	Ca	40,08	Rhenium	Re	186,31
Cassiopeium . .	Cp	175,0	Rhodium	Rh	102,91
Cer	Ce	140,13	Rubidium. . . .	Rb	85,44
Chlor	Cl	35,457	Ruthenium . . .	Ru	101,7
Chrom	Cr	52,01	Samarium. . . .	Sm	150,43
Dysprosium . . .	Dy	162,46	**Sauerstoff** . . .	**O**	**16,0000**
Eisen.	Fe	55,84	Scandium . . .	Sc	45,10
Erbium	Er	167,64	**Schwefel**	**S**	**32,06**
Europium. . . .	Eu	152,0	Selen	Se	78,96
Fluor.	F	19,000	Silber	Ag	107,880
Gadolinium . . .	Gd	157,3	Silicium	Si	28,06
Gallium.	Ga	69,72	**Stickstoff**	**N**	**14,008**
Germanium . . .	Ge	72,60	Strontium. . . .	Sr	87,63
Gold	Au	197,2	Tantal	Ta	181,4
Hafnium	Hf	178,6	Tellur	Te	127,61
Helium	He	4,002	Terbium	Tb	159,2
Holmium	Ho	163,5	Thallium	Tl	204,39
Indium	In	114,76	Thorium	Th	232,12
Iridium	Ir	193,1	Thulium	Tm	169,4
Jod	J	126,92	Titan	Ti	47,90
Kalium	K	39,096	Uran	U	238,14
Kobalt	Co	58,94	Vanadium. . . .	V	50,95
Kohlenstoff . . .	**C**	**12,00**	**Wasserstoff** . . .	**H**	**1,0078**
Krypton	Kr	83,7	Wismut	Bi	209,00
Kupfer	Cu	63,57	Wolfram	W	184,0
Lanthan	La	138,92	Xenon	X	131,3
Lithium	Li	6,940	Ytterbium . . .	Yb	173,04
Magnesium . . .	Mg	24,32	Yttrium	Y	88,92
Mangan	Mn	54,93	Zink	Zn	65,38
Molybdän . . .	Mo	96,0	Zinn	Sn	118,70
Natrium	Na	22,997	Zirkonium . . .	Zr	91,22
Neodym	Nd	144,27			

2. Spezifisches Gewicht (bezogene Dichte).

I. Normkubikmetergewicht und spezifisches Gewicht (bezogene Dichte) von Gasen.

a) Normkubikmetergewicht und bezogene Dichte der Gase.

Das Normkubikmetergewicht (kg/Nm³) stellt das in kg ausgedrückte Gewicht von einem Kubikmeter Gas im Normzustand (760 Torr, 0° C, trocken) dar.

Die bezogene Dichte (spezifisches Gewicht) eines Gases gibt die Zahl an, wievielmal so schwer ein Volumen des Gases ist als das gleiche Volumen trockener und kohlensäurefreier Luft, beide im Normzustand gemessen.

Für die Umrechnung eines bei t °C und p Torr gemessenen Gasvolumens $V_{p, t}$ auf Normbedingungen gilt die Gleichung

$$V_N = V_{p, t} \cdot \frac{273}{760} \cdot \frac{B_0 + p_{\ddot{u}} - \varphi}{273 + t} \quad \ldots \ldots \ldots \text{(1a)}$$

bzw.
$$V_N = V_{p, t} \cdot 0{,}359 \cdot \frac{B_0 + p_{\ddot{u}} - \varphi}{273 + t} \quad \ldots \ldots \text{(1b)}$$

Darin bedeuten B_0 den reduzierten Barometerstand, $p_{\ddot{u}}$ den Überdruck des Gases (Torr), φ den Wasserdampfteildruck des Gases (Torr) und t die Gastemperatur (°C).

Für genaue Berechnungen ist ferner die Abweichung vom idealen Gaszustand zu berücksichtigen, indem die rechte Seite der Gleichungen (1a) und (1b) mit dem Korrektionsglied

$$[1 - \varkappa_0 (p - 760)]$$

multipliziert wird.

Das Molvolumen V_M eines Gases vom Molgewicht M ist das im Normzustand in Nm³ gemessene Volumen von M kg. Für technische Rechnungen gilt mit genügender Genauigkeit

$$V_M = 22{,}4 \text{ Nm}^3/\text{kmol}.$$

Für genaue Berechnungen muß auch in diesem Fall die Abweichung von dem idealen Gasgesetz berücksichtigt werden. Dies gilt vor allem für Gase, deren kritische Temperatur oberhalb der durchschnittlichen Raumtemperatur liegt.

Für wärmetechnische Rechnungen ist wichtig der Kohlenstoffgehalt von 1 Nm³ Kohlenstoff enthaltenden Gase. Dieser ist durchschnittlich anzunehmen mit 0,535 kg/Nm³. Für genaue Rechnungen ist dieser jedoch verschieden und beträgt beispielsweise für Kohlenoxyd 0,536, für Kohlendioxyd 0,539, für Methan 0,537, für Azetylen $2 \cdot 0{,}540$ und für Propan $3 \cdot 0{,}550$ kg/Nm³.

Das Normkubikmetergewicht und die bezogene Dichte von Gasgemischen errechnet sich additiv aus den entsprechenden Werten der Einzelgase.

Normkubikmetergewicht und bezogene Dichte der Gase (DIN 1871).

Gas		Molekular- gewicht M	Mol- volumen bei 0° und 760 Torr Nm³/kmol	Norm- kubikmeter- gewicht kg/Nm³	Bezogene Dichte bei 0° und 760 Torr	$x_0 \cdot 10^6$
Luft (CO₂-frei) . .		28,96	22,40	1,2928	1,0000	— 0,8
Helium	He	4,002	22,42	0,1785	0,1381	— 0,7
Neon	Ne	20,183	22,43	0,8999	0,6961	-·· 0,6
Argon	Ar	39,944	22,39	1,7839	1,3799	— 1,3
Wasserstoff	H₂	2,0156	22,43	0,08987	0,06952	·-· 0,8
Stickstoff	N₂	28,016	22,40	1,2505	0,9673	— 0,6
Luftstickstoff . . .		28,016	22,40	1,2567	0,9721	
Sauerstoff	O₂	32,0000	22,39	1,42895	1,1053	— 1,3
Chlor	Cl₂	70,914	22,02	3,22	2,49	— 22,9
Kohlenoxyd . . .	CO	28,00	22,40	1,2500	0,9669	— 0,6
Stickoxyd	NO	30,008	22,39	1,3402	1,0367	— 1,5
Stickoxydul . . .	N₂O	44,016	22,25	1,9780	1,5300	·-· 9,7
Kohlendioxyd . . .	CO₂	44,00	22,26	1,9768	1,5291	— 9,2
Schwefeldioxyd . .	SO₂	64,06	21,89	2,9263	2,2635	— 31,2
Methan	CH₄	16,03	22,36	0,7168	0,5545	— 2,9
Azetylen	C₂H₂	26,02	22,22	1,1709	0,9057	— 11,8
Äthylen	C₂H₄	28,03	22,24	1,2605	0,9750	— 10,5
Äthan	C₂H₆	30,05	22,16	1,356	1,049	— 15,5
Propylen	C₃H₆	42,05	21,96	1,915	1,481	-·· 26,4
Propan	C₃H₈	44,06	21,82	2,019	1,562	-·· 34,6
Butylen[1]	C₄H₈	56,06	[22,4]	[2,50]	[1,93]	—
Normal-Butan . .	C₄H₁₀	58,08	21,49	2,703	2,091	— 54,0
Iso-Butan . . .	C₄H₁₀	58,08	21,77	2,668	2,064	— 37,6
Benzoldampf[2] . .	C₆H₆	78,05	[22,4]	[3,48]	[2,69]	—
Ammoniak	NH₃	17,031	22,08	0,7714	0,5967	— 20,3
Chlorwasserstoff . .	HCl	36,465	22,25	1,6391	1,2679	— 9,8
Schwefelwasserstoff .	H₂S	34,08	22,14	1,5392	1,1906	— 13,7
Methylchlorid . . .	CH₃Cl	50,48	21,88	2,307	1,784	-·- 32,4
Wasserdampf[2] . .	H₂O	18,0156	[22,4]	[0,804]	[0,622]	—

[1]) Das Normkubikmetergewicht des Butylens ist bisher nicht gemessen worden; die angegebene Zahl, die nur als Anhaltswert gelten soll, wurde ermittelt durch Division des Molekular-
gewichts durch das Molvolumen: Normkubikmetergewicht $= \dfrac{M}{22,4}$.

[2]) Dämpfe können nicht in den Normzustand übergeführt werden; für technische Berechnungen genügt als Anhaltswert: Normkubikmetergewicht $= \dfrac{M}{22,4}$.

b) Zusammensetzung der Luft.

Gas	Vol.-%	Gew.-%
Sauerstoff	20,93	23,1
Stickstoff	78,03	75,6
Kohlendioxyd	0,03	0,046
Wasserstoff	5.10^{-5}	$3,5.10^{-6}$
Helium	5.10^{-4}	7.10^{-5}
Neon	$1,5.10^{-3}$	1.10^{-3}
Argon	0,932	1,285
Krypton	1.10^{-4}	3.10^{-4}
Xenon	1.10^{-5}	4.10^{-5}

1*

e) Tafel zur Bestimmung des Reduktionsfaktors von Gasen für die Umrechnung eines bei beliebigen Bedingungen feucht gemessenen Gasvolumens auf Normalbedingungen (0°, 760 Torr, tr.).

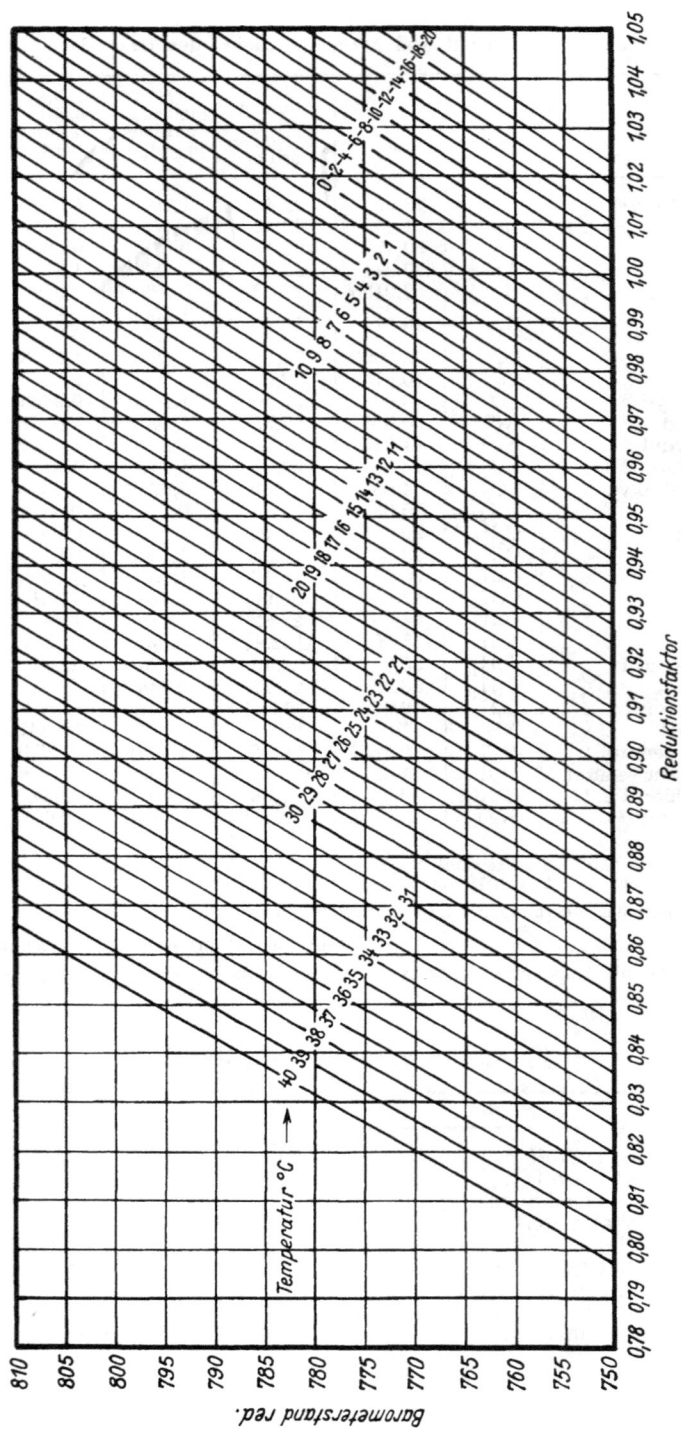

Für die Ermittlung des Reduktionsfaktors sucht man den Schnittpunkt der entsprechenden Linien für die Temperatur und den reduzierten Barometerstand unter Berücksichtigung eines etwaigen Überdruckes auf, worauf auf der Abszissenachse der gesuchte Reduktionsfaktor abgelesen wird.

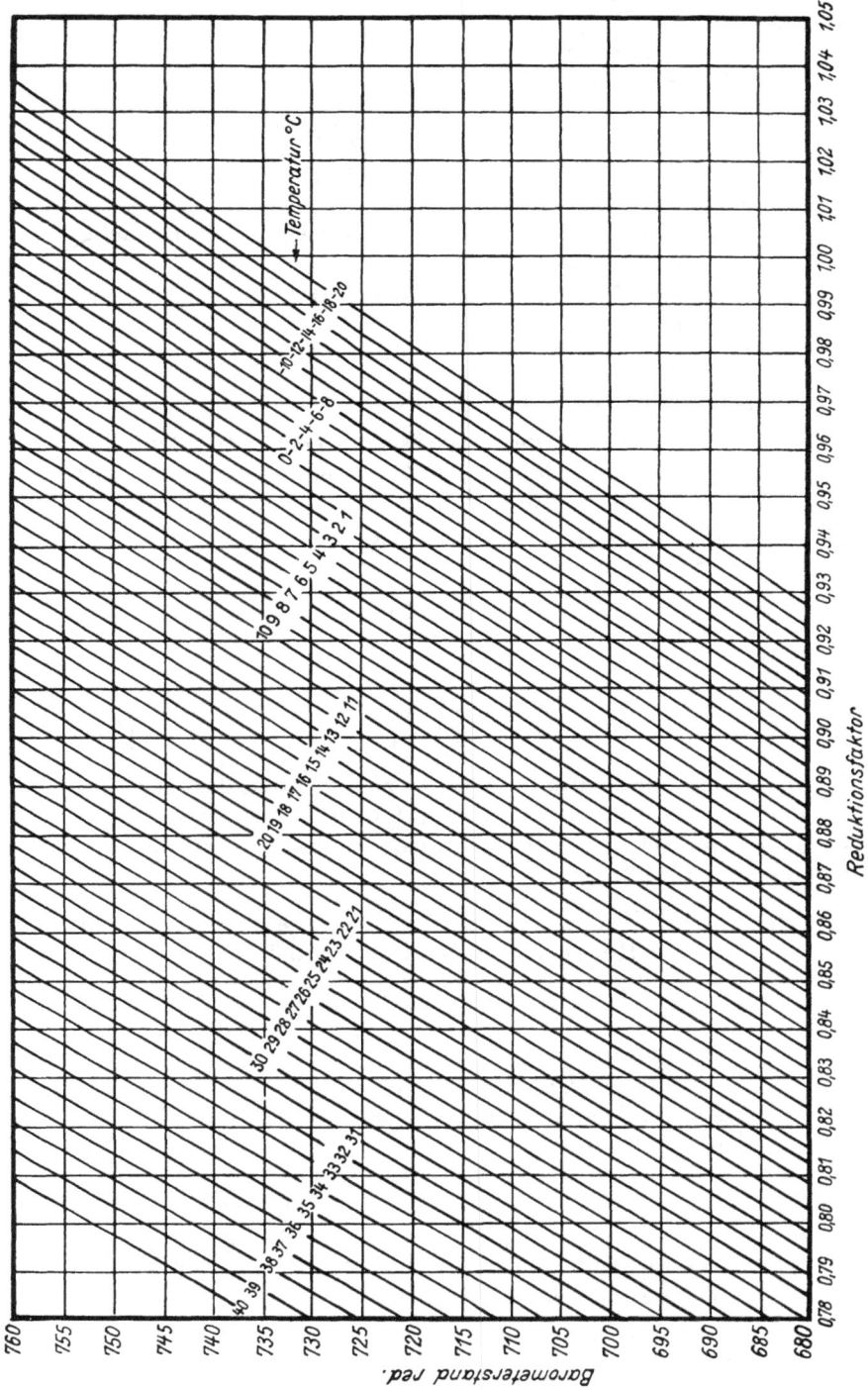

Reduktionsfaktor

Barometerstand red.

c) Umrechnung des spezifischen Gewichts von wasserdampfgesättigten Gasen auf trockenen Zustand.
(Zipperer, Gas- und Wasserfach 75, 839, 1932.)

$$\gamma_{\text{trocken}} = \gamma_{\text{feucht}} - \underbrace{0{,}622 \cdot \frac{\varphi \cdot (1 - \gamma_{\text{feucht}})}{B_0 + p_{\ddot{u}} - \varphi}}_{\text{Korrektionsglied.}}$$

Darin bedeuten:

γ_{trocken} = spezifisches Gewicht des Gases unter Betriebsbedingungen trocken,

γ_{feucht} = spezifisches Gewicht des Gases unter Betriebsbedingungen feucht,

B_0 = reduzierter Barometerstand (Torr),

$p_{\ddot{u}}$ = Überdruck des Gases $\left(\text{Torr oder } \dfrac{\text{mm WS}}{13{,}595}\right)$. (Bei Bestimmung des spezifischen Gewichts von Gasen im Bunsen-Schilling-Gerät beträgt $p_{\ddot{u}} = 14 \div 16$ Torr)

φ = Wasserdampfsättigungsdruck bei t °C in Torr.

1000-facher Wert des Korrektionsgliedes für $B_0 + p_{\ddot{u}} = 740$, 760 und 780 Torr.

t °C	$\gamma = 0,4$			$\gamma = 0,5$		
	740	760	780	740	760	780
18	8,0	7,7	7,6	6,6	6,5	6,3
19	8,5	8,3	8,0	7,1	6,9	6,7
20	9,1	8,8	8,6	7,6	7,4	7,2
21	9,6	9,4	9,1	8,0	7,8	7,6
22	10,3	10,0	9,7	8,6	8,3	8,1

Für sehr genaue Bestimmungen ist zu beachten, daß nach Kretschmer[1] und Schiller[2] der Ausflußbeiwert nicht mehr als konstant angenommen werden darf. Die Unterschiede bleiben jedoch auf die dritte Dezimale beschränkt.

d) Umrechnung des spezifischen Gewichts von Gasen auf Betriebszustand (in kg/m³).

$$\gamma_t = \frac{273}{(273 + t) \cdot 760} [0{,}804 \cdot w + \gamma_0 (B_0 + p_{\ddot{u}} - \varphi)].$$

Darin bedeuten:

γ_t = spezifisches Gewicht des Gases im Betriebszustand (kg/m³),

γ_0 = spezifisches Gewicht des Gases unter Normalbedingungen (0°, 760 Torr, tr.),

B_0 = reduzierter Barometerstand (Torr),

$p_{\ddot{u}}$ = Überdruck des Gases $\left(\text{Torr oder } \dfrac{\text{mm WS}}{13{,}595}\right)$,

φ = Wasserdampfsättigungsdruck bei t° C in Torr,

t = Temperatur des Gases (° C).

[1] Forschung 3, 150, 286 (1932). — [2] Forschung 4, 225 (1933).

f) Umrechnung von mm Wasserdruck in mm Quecksilberdruck (Torr).

mm	Wasserdruck in mm									
	0	1	2	3	4	5	6	7	8	9
	entsprechender Druck in Torr (mm QS)									
0	0,00	0,07	0,15	0,22	0,29	0,37	0,44	0,51	0,59	0,66
10	0,74	0,81	0,88	0,96	1,03	1,10	1,18	1,25	1,32	1,40
20	1,47	1,54	1,62	1,69	1,77	1,84	1,91	1,99	2,06	2,13
30	2,21	2,28	2,35	2,43	2,50	2,57	2,65	2,72	2,80	2,87
40	2,94	3,02	3,09	3,16	3,24	3,31	3,38	3,46	3,53	3,60
50	3,68	3,75	3,82	3,90	3,97	4,05	4,12	4,19	4,27	4,34
60	4,41	4,49	4,56	4,63	4,71	4,78	8,45	4,93	5,00	5,08
70	5,15	5,22	5,30	5,37	5,44	5,52	5,59	5,66	5,74	5,81
80	5,88	5,96	6,03	6,10	6,18	6,25	6,33	6,40	6,47	6,55
90	6,62	6,69	6,77	6,84	6,91	6,99	7,06	7,13	7,21	7,28
100	7,36	7,43	7,50	7,58	7,65	7,72	7,80	7,87	7,94	8,02
110	8,09	8,16	8,24	8,31	8,39	8,46	8,53	8,61	8,68	8,75
120	8,83	8,90	8,97	9,05	9,12	9,19	9,27	9,34	9,41	9,49
130	9,56	9,64	9,71	9,78	9,86	9,93	10,00	10,08	10,15	10,22
140	10,30	10,37	10,44	10,52	10,59	10,67	10,74	10,81	10,89	10,96
150	11,03	11,11	11,18	11,25	11,33	11,40	11,47	11,55	11,62	11,70
160	11,77	11,84	11,92	11,99	12,06	12,14	12,21	12,28	12,36	12,43
170	12,50	12,58	12,65	12,72	12,80	12,87	12,95	13,02	13,09	13,17
180	13,24	13,31	13,39	13,46	13,53	13,61	13,68	13,75	13,83	13,90
190	13,98	14,05	14,12	14,20	14,27	14,34	14,42	14,49	14,56	14,64
200	14,71	14,78	14,85	14,93	15,00	15,07	15,15	15,22	15,29	15,37

g) Luftfeuchtigkeit.

Der Gehalt der Luft oder eines anderen Gases an Wasserdampf wird angegeben 1. als absolute Feuchtigkeit A in g/m³ Luft (Gas), 2. als spezifische Feuchtigkeit φ in g/kg Luft (Gas) oder 3. als relative Feuchtigkeit, d. h. als das Verhältnis des vorhandenen Wasserdampfes e zum vollen Sättigungsdruck E bei der betreffenden Temperatur: $e : E$. Die letztere wird zumeist in Prozenten angeführt: $r = \dfrac{100\,e}{E}$.

Für die absolute Feuchtigkeit A und die spezifische Feuchtigkeit φ gelten, wenn gleichzeitig $x = \dfrac{1}{273}$ und B_0 den Luftdruck in Torr bedeuten, folgende Beziehungen zum Dampfdruck:

$$A = \frac{1,060}{1 + xt} \cdot e$$

$$\varphi = 623 \frac{e}{B_0 + 0,377\,e}.$$

Bei gleichem Druck ist feuchte Luft spezifisch leichter als trockene Luft; Raumluft enthält durchschnittlich 50% relative Feuchtigkeit.

Die Bestimmung des Feuchtigkeitsgehaltes eines Gases erfolgt zumeist mit dem Haarhygrometer von Saussure und Klinkerfues. Dieses beruht darauf, daß das Menschenhaar durch den Feuchtigkeitsgehalt eine diesem proportionale Ausdehnung erfährt. Der Feuchtigkeitsgrad wird an einer empirisch geeichten Skala abgelesen.

Genaue Bestimmungen der Luft- oder Gasfeuchtigkeit werden mit dem Augustschen Psychrometer vorgenommen. Bei diesem wird die Kugel eines Quecksilberthermometers mit feuchtem Mull umwickelt und diese zugleich mit einem trockenen Thermometer dem zu untersuchenden Luft-(Gas-)strom bei der Temperatur t ausgesetzt. Bei dem feuchten Thermometer erhält man dadurch einen Abfall der Temperatur auf diejenige, bei der die von diesem abziehende Luft den gleichen Wärmeinhalt besitzt wie die ungesättigte untersuchte Luft zuzüglich der Verdampfungswärme der zur Sättigung notwendigen Feuchtigkeit. Zwischen den beiden Thermometern entsteht daher ein theoretisch errechenbarer Temperaturunterschied Δ. Theoretisch gilt $\Delta = t - f$, der volle Unterschied wird jedoch bei den handelsüblichen Geräten nicht erreicht, so daß $\Delta > t - f$ wird. Die Gütezahl des Gerätes $a = [t - f]/\Delta < 1$ soll folgende Werte aufweisen:

$$t = \quad 20 \qquad 40 \qquad 60 \qquad 90 \qquad 120\,^{0}\mathrm{C}$$
$$a = 0{,}995 \quad 0{,}985 \quad 0{,}955 \quad 0{,}95 \quad 0{,}95.$$

Theoretisch ($a = 1{,}00$) ergibt sich der Teildruck p_D des Wasserdampfes aus der Psychrometerdifferenz Δ zu

$$p_D = \frac{B_0}{1 + \dfrac{r_f + (\lambda_t - \lambda_f)}{r_f \cdot p_f (B_0 - p_f) - c_p \Delta \dfrac{R_D}{R_L}}} \qquad \dots \dots (1)$$

Darin bedeuten:

B_0 = Barometerstand,
r = Verdampfungswärme,
λ = Wärmeinhalt,
p = Sättigungsdruck des Wasserdampfs,
c_p = spezifische Wärme der Luft (kcal/kg),
R = Gaskonstante von Dampf und Luft.

Für Temperaturen bis 40° gilt die Formel von Sprung:

$$p_D = p_f - 0{,}5 \cdot \frac{B_0}{755} (t - f) \text{ Torr} \dots \dots (2)$$

Psychrometertafel.

t = Temperatur des trockenen Thermometers (°C),
f = Temperatur des feuchten Thermometers (°C),
A = absoluter Feuchtigkeitsgehalt (Torr),
r = relativer Feuchtigkeitsgehalt (%),
T_p = Taupunkt (Sättigungstemperatur) (°C).

t °C	Psychrometrische Differenz $t-f$											
	0°			1°			2°			3°		
	A Torr	r %	Tp °C	A Torr	r %	Tp °C	A Torr	r %	Tp °C	A Torr	r %	Tp °C
0	4,6	100	0	3,7	81	—2,5	2,9	63	—5,5	2,1	45	—9,3
1	4,9	100	1	4,1	82	—1,4	3,2	65	—4,2	2,4	48	—7,7
2	5,3	100	2	4,4	83	—0,4	3,6	68	—3,0	2,7	51	—6,2
3	5,7	100	3	4,8	84	+0,6	3,9	69	—1,9	3,1	54	—4,7
4	6,1	100	4	5,2	85	1,7	4,3	70	—0,8	3,4	56	—3,5
5	6,5	100	5	5,6	86	2,8	4,7	72	+0,3	3,8	58	—2,3
6	7,0	100	6	6,0	86	3,9	5,1	73	1,5	4,2	60	—1,1
7	7,5	100	7	6,5	87	4,9	5,5	74	2,6	4,6	61	+0,1
8	8,0	100	8	7,0	87	6,0	6,0	75	3,7	5,0	63	1,3
9	8,6	100	9	7,5	88	7,0	6,5	76	4,9	5,5	64	2,6
10	9,2	100	10	8,1	88	8,1	7,0	76	6,0	6,0	65	3,8
11	9,8	100	11	8,7	88	9,2	7,6	77	7,2	6,5	66	5,0
12	10,5	100	12	9,3	89	10,2	8,2	78	8,3	7,1	68	6,2
13	11,2	100	13	10,0	89	11,3	8,8	79	9,4	7,7	69	7,4
14	12,0	100	14	10,7	89	12,3	9,5	79	10,5	8,3	70	8,5
15	12,8	100	15	11,5	90	13,4	10,2	80	11,6	9,0	71	9,7
16	13,6	100	16	12,3	90	14,4	11,0	81	12,7	9,7	71	10,8
17	14,5	100	17	13,1	90	15,4	11,8	81	13,7	10,5	72	12,0
18	15,5	100	18	14,0	91	16,5	12,6	82	14,8	11,3	73	13,1
19	16,5	100	19	15,0	91	17,5	13,5	82	15,9	12,1	74	14,2
20	17,5	100	20	16,0	91	18,5	14,5	83	16,9	13,0	74	15,3
21	18,6	100	21	17,1	91	19,5	15,5	83	18,0	14,0	75	16,4
22	19,8	100	22	18,2	92	20,6	16,5	83	19,1	15,0	76	17,5
23	21,1	100	23	19,4	92	21,6	17,6	84	20,1	16,1	76	18,6
24	22,4	100	24	20,6	92	22,6	18,8	84	21,2	17,2	77	19,6
25	23,8	100	25	21,9	92	23,6	20,1	84	22,2	18,4	77	20,7
26	25,2	100	26	23,3	92	24,6	21,4	85	23,2	19,6	78	21,8
27	26,7	100	27	24,7	92	25,7	22,8	85	24,3	20,9	78	22,8
28	28,3	100	28	26,2	93	26,7	24,2	85	25,3	22,3	78	23,9
29	30,0	100	29	27,8	93	27,7	25,7	86	26,4	23,7	79	25,0
30	31,8	100	30	29,5	93	28,7	27,3	86	27,4	25,2	79	26,0

t °C	Psychrometrische Differenz $t-f$											
	4°			5°			6°			7°		
	A Torr	r %	Tp °C	A Torr	r %	Tp °C	A Torr	r %	Tp °C	A Torr	r %	Tp °C
0	1,3	28	14,6	0,5	11	24,2						
1	1,6	32	12,4	0,8	16	19,9						
2	1,9	35	10,4	1,1	20	16,6						
3	2,2	39	8,5	1,4	24	13,8	0,6	10	23,0			
4	2,6	42	6,8	1,7	28	11,4	0,9	14	18,6			
5	2,9	45	5,3	2,1	32	9,3	1,2	19	15,2	0,4	6	27,1
6	3,3	47	3,9	2,4	35	7,5	1,6	23	12,3	0,7	10	20,8
7	3,7	49	2,6	2,8	37	5,9	1,9	26	10,1	1,1	14	16,5
8	4,1	51	1,3	3,2	40	4,3	2,3	29	8,1	1,4	18	13,5
9	4,5	53	0,1	3,6	42	2,9	2,7	31	6,3	1,8	21	11,0
10	5,0	54	1,2	4,0	44	1,5	3,1	34	4,6	2,2	24	8,7

t °C	Psychrometrische Differenz $t-f$											
	4°			5°			6°			7°		
	A Torr	r %	T_p °C	A Torr	r %	T_p °C	A Torr	r %	T_p °C	A Torr	r %	T_p °C
11	5,5	56	2,6	4,5	46	0,2	3,5	36	3,1	2,6	26	6,7
12	6,0	57	3,9	5,0	48	1,2	4,0	38	1,6	3,0	29	4,9
13	6,6	59	5,1	5,5	49	2,7	4,5	40	0,2	3,5	31	3,2
14	7,2	60	6,4	6,1	51	4,0	5,0	42	1,3	4,0	34	1,6
15	7,8	61	7,6	6,7	52	5,4	5,6	44	2,8	4,5	36	0,1
16	8,5	62	8,8	7,3	54	6,7	6,2	46	4,3	5,1	37	1,5
17	9,2	64	10,0	8,0	55	8,0	6,8	47	5,6	5,7	39	3,1
18	10,0	65	11,2	8,7	56	9,2	7,5	49	7,0	6,3	41	4,6
19	10,8	65	12,4	9,5	58	10,5	8,2	50	8,3	7,0	43	6,0
20	11,6	66	13,5	10,3	59	11,7	9,0	51	9,6	7,7	44	7,4
21	12,5	67	14,7	11,1	60	12,9	9,8	52	10,9	8,5	46	8,8
22	13,5	68	15,8	12,0	61	14,1	10,6	54	12,2	9,3	47	10,1
23	14,5	69	16,9	13,0	61	15,2	11,5	55	13,4	10,1	48	11,4
24	15,5	69	18,1	14,0	62	16,4	12,5	56	14,6	11,0	49	12,7
25	16,7	70	19,2	15,0	63	17,5	13,5	57	15,8	12,0	50	14,0
26	17,8	71	20,3	16,1	64	18,7	14,4	58	17,0	13,0	51	15,2
27	19,1	71	21,4	17,3	65	19,8	15,7	59	18,2	14,0	52	16,5
28	20,4	72	22,4	18,6	65	20,9	16,8	59	19,3	15,2	53	17,7
29	21,8	72	23,5	19,9	66	22,0	18,1	60	20,5	16,3	54	18,9
30	23,3	73	24,6	21,3	67	23,2	19,4	61	21,6	17,6	55	20,0

t °C	Psychrometrische Differenz $t-f$											
	8°			9°			10°			11°		
	A Torr	r %	T_p °C	A Torr	r %	T_p °C	A Torr	r %	T_p °C	A Torr	r %	T_p °C
11	1,7	17	11,6	0,8	8	19,7						
12	2,1	20	9,1	1,2	11	15,5						
13	2,5	23	7,0	1,6	14	12,2	0,7	6	21,2			
14	3,0	25	5,0	2,0	17	9,5	1,1	9	16,3			
15	3,5	27	3,2	2,5	20	7,1	1,5	12	16,2	0,6	5	22,6
16	4,0	30	1,5	3,0	22	5,0	2,0	15	9,6	1,0	8	16,8
17	4,6	32	0,1	3,5	24	3,1	2,5	17	7,1	1,5	10	12,8
18	5,2	34	1,8	4,1	27	1,3	3,0	20	4,9	2,0	13	9,6
19	5,8	35	3,4	4,7	29	0,4	3,6	22	2,9	2,5	15	6,9
20	6,5	37	5,0	5,3	30	2,1	4,2	24	1,0	3,1	18	4,6
21	7,2	39	6,4	6,0	32	3,8	4,8	26	0,8	3,7	20	2,5
22	8,0	40	7,9	6,7	34	5,4	5,5	28	2,6	4,3	22	0,6
23	8,8	42	9,3	7,5	36	6,9	6,2	30	4,3	5,0	24	1,3
24	9,6	43	10,7	8,3	37	8,4	7,0	31	5,9	5,7	26	3,1
25	10,5	44	12,0	9,1	38	9,9	7,8	33	7,5	6,5	27	4,9
26	11,5	46	13,3	10,0	40	11,3	8,6	34	9,0	7,3	29	6,6
27	12,5	47	14,6	11,0	41	12,7	9,7	36	10,5	8,1	30	8,2
28	13,5	48	15,9	12,0	42	14,0	10,5	37	11,9	9,0	32	9,7
29	14,7	49	17,1	13,0	43	15,3	11,5	38	13,3	10,0	33	11,2
30	15,8	50	18,4	14,1	44	16,6	12,5	39	14,7	11,0	34	12,7

h) Barometerstand und Ortshöhe.

Bei einem Barometerstand nahe 760 Torr entspricht ein Höhenunterschied von 10 m einer Veränderung des Luftdrucks von 0,95 Torr.

Wenn für eine Höhe H in m über dem Meere der korrigierte Barometerstand B_1 und für die Höhe des Meeresspiegels der korrigierte Barometerstand B_0 beträgt, gilt mit genügender Annäherung die Gleichung

$$H = \frac{16000\,(B_0 - B_1)}{B_1 + B_0}.$$

H	B_1	H	B_1	H	B_1	H	B_1
0	760	400	723	800	688	3000	527
100	751	500	714	900	680	5000	417
200	740	600	705	1000	671	10000	229
300	732	700	697	2000	593	15000	124

i) Berechnung des Höhenunterschiedes aus den Barometerständen.

Wenn B_0 den korrigierten Barometerstand an einem unteren Ort der zu bestimmenden Höhe und B_1 zur gleichen Zeit den korrigierten Barometerstand an dem höher gelegenen Ort mit den entsprechenden Temperaturen t_0 und t_1 darstellen, kann der Höhenunterschied H (in m) errechnet werden nach der Formel

$$H = 18420 \cdot (\log B_0 - \log B_1) \cdot \left(1 + \frac{2\,(t_0 + t_1)}{1000}\right).$$

Wenn der untere Ort der Höhe des Meeresspiegels entspricht und die Temperaturen t_0 und t_1 gleich (t) sind, vereinfacht sich die obige Formel zu

$$H = 18420 \cdot (\log B_0 - \log B_1) \cdot \left(1 + \frac{4\,t}{1000}\right).$$

k) Mittlere Luftdruckverteilung in Deutschland[1]).

Über die Höhe des mittleren Luftdruckes in den verschiedenen Gebieten Deutschlands gibt die nachstehende Zusammenstellung, in der die wichtigsten Orte aufgenommen sind, Aufschluß. Es ergibt sich, daß der mittlere Luftdruck in der Norddeutschen Tiefebene und im Rheintal etwa 750—760 Torr, in Mitteldeutschland 735—750 Torr und in Süddeutschland 710—735 Torr beträgt.

---

[1]) Schumacher, Gas- und Wasserfach **74**, 479 (1931).

Stadt	Durchschnittl. Barometerstand Torr	Stadt	Durchschnittl. Barometerstand Torr	Stadt	Durchschnittl. Barometerstand Torr
Aachen	742,8	Göttingen . . .	747,3	Magdeburg . .	756,3
Ansbach	723,8	Halle a. S. . . .	752,2	Mainz	753,3
Augsburg . . .	718,6	Hamburg . . .	759,5	Mannheim . . .	753,5
Bamberg . . .	736,8	Hannover . . .	752,9	Marburg	740,2
Bayreuth . . .	730,0	Heilbronn . . .	745,0	München . . .	716,9
Berlin	755,6	Herford	753,3	Münster i. W. .	755,7
Bremen	759,2	Hof	719,7	Norden	760,1
Chemnitz . . .	731,9	Insterburg . . .	756,8	Nürnberg . . .	734,3
Cleve	756,9	Jena	747,7	Oppeln	746,0
Donaueschingen	701,8	Kaiserslautern .	741,0	Osterode . . .	750,5
Dresden	751,4	Karlsruhe . . .	751,4	Plauen i. V. . .	728,6
Emden	760,0	Kassel	743,5	Ratibor	745,0
Erfurt	742,6	Koblenz	756,2	Regensburg . .	732,1
Erlangen . . .	736,8	Köln	756,5	Rostock	756,2
Essen	751,6	Königsberg . .	758,1	Schwerin i. M. .	755,2
Flensburg . . .	758,6	Konstanz . . .	723,8	Stettin	758,5
Frankfurt a. M. .	751,8	Köslin	756,6	Stuttgart . . .	737,2
Frankfurt a. O. .	757,3	Landsberg a. W.	758,5	Tilsit	759,0
Freiberg	725,5	Landshut . . .	727,7	Trier	748,0
Freiburg i. Br. .	737,7	Leipzig	749,9	Ulm a. D. . . .	718,7
Fürth	735,4	Liegnitz	749,8	Waren	754,7
Glogau	746,9	Lindau	726,8	Würzburg . . .	746,3
Görlitz	742,8	Lübeck	759,2	Zwickau	737,9

1) Druckzunahme des Stadtgases infolge des Auftriebs für verschiedene Höhenunterschiede (mm Wassersäule).

Druckunterschied ε . . . . mm WS

Höhenunterschied m . . . . . . m

Gewicht der Luft G . . . . . . kg/m³

spezifisches Gewicht des Gases γ

$$\pm\, \varepsilon = \pm\, m \cdot G\,(1 - \gamma).$$

Spez. Gewicht des Gases	Höhenunterschied in Metern								
	1	2	3	4	5	6	7	8	9
0,38	0,80	1,60	2,41	3,21	4,01	4,81	5,61	6,41	7,22
0,39	0,79	1,58	2,37	3,16	3,94	4,73	5,52	6,31	7,10
0,40	0,78	1,55	2,33	3,10	3,88	4,66	5,43	6,21	6,98
0,41	0,76	1,53	2,29	3,05	3,81	4,58	5,34	6,10	6,87
0,42	0,75	1,50	2,25	3,00	3,75	4,50	5,25	6,00	6,75
0,43	0,74	1,47	2,21	2,95	3,69	4,42	5,16	5,90	6,63
0,44	0,72	1,45	2,17	2,90	3,62	4,34	5,07	5,79	6,52
0,45	0,71	1,42	2,13	2,85	3,56	4,27	4,98	5,69	6,40
0,46	0,70	1,40	2,10	2,79	3,49	4,19	4,89	5,59	6,28
0,47	0,69	1,37	2,06	2,74	3,43	4,11	4,80	5,48	6,17
0,48	0,67	1,35	2,02	2,69	3,36	4,03	4,71	5,38	6,05
0,49	0,66	1,32	1,98	2,64	3,30	3,96	4,62	5,28	5,94
0,50	0,65	1,29	1,94	2,59	3,23	3,88	4,53	5,17	5,82

II. Spezifisches Gewicht (bezogene Dichte) und Schüttgewicht sonstiger Stoffe.

a) Physikalische Eigenschaften der wichtigsten Bestandteile des Steinkohlenteers und sonstiger organischer Stoffe.

Stoff	Formel	Molekular-gewicht	Dichte 20/4°	Schmelz-punkt °C	Siede-punkt °C	Verdampfungs-wärme kcal/kg	bei °C
I. Methanreihe C_nH_{2n+2}							
Methan	CH_4	16,03	0,415 (-164)	— 184	— 161,4	131,4	— 161,4
Äthan	C_2H_6	30,05	0,546 (-88)	— 172	— 88,3	129	— 88,3
Propan	C_3H_8	44,06	0,585(-44,5)	— 189,9	— 44,5	349	20
n-Butan	C_4H_{10}	58,08	0,600 (0)	— 135	0,6	333	20
i-Butan	C_4H_{10}	58,08	0,603 (0)	— 145	— 10,2	366	20
n-Pentan.	C_5H_{12}	72,09	0,631	— 131,5	36,2	85,8	30
i-Pentan	C_5H_{12}	72,09	0,621	— 159,7	28,0	88,7	28
n-Hexan	C_6H_{14}	86,11	0,660	— 94,3	69,0	79,4	68
n-Heptan . . .	C_7H_{16}	100,12	0,684	— 90,0	98,4	74,0	98
n-Oktan	C_8H_{18}	114,14	0,702	— 56,5	124,6	71,1	125
n-Dekan	$C_{10}H_{22}$	142,17	0,747	— 32,0	174	60,1	160
II. Äthylenreihe C_nH_{2n}							
Äthylen	C_2H_4	28,03	0,566 (-102)	— 169,4	— 103,8	125	— 103,5
Propylen.	C_3H_6	42,05	0,609 (-47)	— 185,2	— 47,0	109	— 47
n-Butylen	C_4H_8	56,06	0,668 (0)	— 130	+ 1	96	1
i-Butylen . . .	C_4H_8	56,06	—	—	6	96	— 6
n-Amylen	C_5H_{10}	70,08	0,651	— 139	36,4	75,0	12,5
n-Hexylen	C_6H_{12}	84,09	0,683	— 98,5	64,1	92,8	0
III. Cycloparaffine C_nH_{2n}							
Cyclohexan. . . .	C_6H_{12}	84,09	0,779	6,5	81,4	85,4	81
Methylcyclohexan .	C_7H_{14}	98,11	0,764	— 126,4	100,8	75,7	98
Cycloheptan . . .	C_7H_{14}	98,11	0,811	— 12	118,1	—	—
IV. Acetylenreihe C_nH_{2n-2}							
Acetylen.	C_2H_2	26,02	0,613 (-80)	— 81,8	— 83,6	198	— 83,6
Allylen.	C_3H_4	40,03	0,660 (-13)	— 104,7	— 27,5	131	— 27,5
Crotonylen	C_4H_6	54,05	0,668 (0)	—	28,9	—	—
V. Tetrahydro-benzolkohlen-wasserstoffe C_nH_{2n-2}							
Tetrahydrobenzol .	C_6H_{10}	82,08	0,810	— 103,7	83	88,6	83
Tetrahydrotoluol .	C_7H_{12}	96,09	0,809	—	111	—	—
VI. Cyclopenta-dienreihe							
Cyclopentadien . .	C_5H_6	66,05	0,805	—	42,5	—	—
VII. Dihydroben-zolkohlenwasser-stoffe C_nH_{2n-4}							
Dihydrobenzol (1,3)	C_6H_8	80,06	0,830	—	80,5	—	—
Dihydrotoluol (1,3)	C_7H_{10}	94,08	0,835	—	110,1	—	—

Stoff	Formel	Mole-kular-gewicht	Dichte 20/4°	Schmelz-punkt °C	Siede-punkt °C	Verdampfungs-wärme	
						kcal/kg	bei °C
VIII. Benzolreihe C_nH_{2n-6}							
Benzol	C_6H_6	78,05	0,878	5,5	79,6	94,4	80
Toluol	C_7H_8	92,06	0,866	— 95,1	110,5	86,5	110
o-Xylol	C_8H_{10}	106,08	0,879	— 27,1	144	82,5	144
m-Xylol	C_8H_{10}	106,08	0,865	— 53,6	139	81,8	139
p-Xylol	C_8H_{10}	106,08	0,861	13,2	137,7	81,0	138
Äthylbenzol . . .	C_8H_{10}	106,08	0,868	— 92,8	136	76,4	135
Trimethylbenzol (1, 2, 3)	C_9H_{12}	120,09	0,895	—	176,5	—	—
Trimethylbenzol (1, 2, 4) Pseudocumol	C_9H_{12}	120,09	0,87	— 61,0	169,8	72,8	168
Trimethylbenzol (1, 3, 5) Mesitylen	C_9H_{12}	120,09	0,863	— 52,7	164,6	74,4	165
IX. Benzolkoh-lenwasserstoffe mit unges. Seiten-kette							
Styrol	C_8H_8	104,06	0,903	—	146	—	—
Inden	C_9H_8	116,06	1,006	— 2	182,4	—	—
X. Naphthalin-reihe	C_nH_{2n-12}						
Naphthalin . . .	$C_{10}H_8$	128,06	1,145	80,1	217,9	75,4	218
α-Methylnaphthalin	$C_{11}H_{10}$	142,08	1,025	— 22	243	—	—
β-Methylnaphthalin	$C_{11}H_{10}$	142,08	1,029	35,1	245	—	—
XI. Sonstige aro-matische Kohlen-wasserstoffe							
Acenaphthen . . .	$C_{12}H_{10}$	154,08	1,024 (99)	95	277,5	—	—
Diphenyl	$C_{12}H_{10}$	154,08	1,041	69	254,9	74,4	255
Fluoren	$C_{13}H_{10}$	166,08	—	116	295	—	—
Anthracen	$C_{14}H_{10}$	178,08	1,25 (27)	218	342	—	—
Phenanthren . . .	$C_{14}H_{10}$	178,08	1,025	99,6	340	—	—
Fluoranthren . . .	$C_{15}H_{10}$	190,08	—	110	251 (60)	—	—
Pyren	$C_{16}H_{10}$	202,08	—	150	> 360	—	—
Chrysen	$C_{18}H_{12}$	228,09	—	251	448	—	—
Reten	$C_{18}H_{18}$	234,14	1,13 (16)	98,5	394	—	—
XII. Sauerstoff-haltige Stoffe							
Methanol	CH_4O	32,03	0,792	— 97,8	64,5	263	64,5
Äthylalkohol . . .	C_2H_6O	46,05	0,789	— 117,3	78,5	216	78
Aceton	C_3H_6O	58,05	0,792	— 94,3	56,1	125	56
Äthylmethylketon .	C_4H_8O	72,06	0,805	— 86,4	79,6	106	79,6
Phenol	C_6H_6O	94,05	1,071 (25)	41	182	—	—
o-Kresol	C_7H_8O	108,06	1,051	30,1	190,8	—	—
m-Kresol	C_7H_8O	108,06	1,035	10	202,8	101	203
p-Kresol	C_7H_8O	108,06	1,039 (15)	34,8	201,1	—	—
1, 3, 5-Xylenol . .	$C_8H_{10}O$	122,08	—	68	219,5	—	—
α-Naphthol	$C_{10}H_8O$	144,06	1,224	96	280	—	—
β-Naphthol . . .	$C_{10}H_8O$	144,06	1,217	122	286	—	—
Cumaron	C_8H_6O	118,05	1,091	< — 18	175	—	—
Diphenylenoxyd .	$C_{12}H_8O$	168,06	—	87	288	—	—

Stoff	Formel	Molekulargewicht	Dichte 20/4°	Schmelzpunkt °C	Siedepunkt °C	Verdampfungswärme kcal/kg	bei °C
XIII. Stickstoffhaltige Stoffe							
Anilin	C_6H_7N	93,06	1,022	— 6,2	184,4	110	184
Pyridin	C_5H_5N	79,05	0,982	— 42	115,3	102	115
α-Picolin	C_6H_7N	93,06	0,950	— 69,9	128	90,75	128
β-Picolin	C_6H_7N	93,06	0,952	—	143,5	—	—
γ-Picolin	C_6H_7N	93,06	0,957	—	143,1	—	—
α-α-Lutidin	C_7H_9N	107,08	0,947 (0)	—	156,5	—	—
Chinolin	C_9H_7N	129,06	1,093	— 19,5	237,7	—	—
Isochinolin	C_9H_7N	129,06	1,099	23	243	—	—
Acridin	$C_{13}H_9N$	179,08	—	108	346	—	—
Pyrrol	C_4H_5N	67,05	0,948	—	131	—	—
Carbazol	$C_{12}H_9N$	167,08	—	244,8	354,8	—	—
XIV. Schwefelhaltige Stoffe							
Kohlenoxysulfid	COS	64,07	1,24 (— 87)	— 138	— 48	—	—
Schwefelkohlenstoff	CS_2	76,13	1,262	— 111,6	46,3	86,5	46,3
Äthylmerkaptan	C_2H_6S	62,11	0,840	— 121	34,7	—	—
Thiophen	C_4H_4S	84,10	1,065	— 40	85	—	—
Methylthiophen	C_5H_6S	98,12	—	—	114	—	—
α-α-Thioxen	C_6H_8S	112,13	0,976	—	137,5	—	—
Thionaphthen	C_8H_6S	134,11	1,165	32	221	—	—

b) Spezifisches Gewicht (bezogene Dichte) fester Stoffe (bei 15—20°).
(Bezogen auf Wasser bei + 4° C = 1,000.)

Metalle und Elemente.

Aluminium, rein	2,703
Aluminiumblech	2,713
Blei, rein	11,32
Brom	3,14
Cadmium	8,64
Calcium	1,54
Cer	6,8
Chrom, rein	6,92
Eisen, rein	7,86
Gold	19,30
Jod	4,93
Kalium	0,862
Kobalt	8,83
Kohlenstoff:	
Diamant	3,51
Graphit	2,2—2,3
amorpher Kohlenstoff	1,7—1,9
Kupfer	8,933
Mangan	7,3
Nickel	8,85
Palladium	11,9
Platin	21,4

Quecksilber s. bes. Tab.

Rhenium	20,5
Rhodium	12,4
Schwefel rhomb.	2,07
Silber	10,51
Silicium, krist.	2,34
Vanadium	5,8
Wolfram	19,1
Zink	7,1
Zinn	7,28

Legierungen.

Roheisen, grau	7,04—7,18
» , weiß	7,6 —7,7
Schmiedeeisen	7,8 —7,85
Flußstahl	7,70
Aluminiumbronze	8,35
Phosphorbronze	8,8
Rotguß	8,8—8,9
Messingblech	8,5
Schmiedemessing	8,5
Weißmetall	7,5—8,5
Silumin	2,6

Sonstige anorganische Stoffe.

Ätzkali	2,1
Ätznatron (22,2% H_2O)	2,0
Asbest	2,1—2,5
Basalt	2,6—3,0
Beton	1,8—2,8
Bimsstein, natürlich	0,4—0,9
Bimsstein, Wiener	2,2—2,5
Bleiglätte, natürlich	7,8—8,0
Bleiglätte, künstlich	9,3—9,4
Bleiweiß	6,7
Calciumkarbid	2,24
Chlornatrium	2,16
Dolomit	2,2—2,8
Eis	0,88—0,92
Erde, gestampft, trocken	1,6—1,9
Erde, gestampft, feucht	2,0

Spezifisches Gewicht (bezogene Dichte) fester Stoffe (bei 15—20⁰).

(Bezogen auf Wasser bei + 4⁰ C = 1,000.)

Erde, mager, trocken	1,3—1,4	Sandstein	2,2—2,5	Fichte . 0,4—0,7	0,6—1,0
Gips, gebrannt	1,81	Schamotte	1,8—2,2	Kiefer . 0,3—0,7	0,5—1,0
Glas, Thür.	2,4—2,6	Schlacke	2,4—3,0	Rot-	
» , Kristall-	2,8—3,0	Soda, krist.	1,45	buche 0,7—0,95	0,85—1,1
Gneis	2,5—2,7	Steinsalz.	2,3—2,4	Tanne . 0,4—0,7	0,8—1,1
Granit	2,3—2,7	Ton	1,8—2,6	Holzkohle, luft-	
Isolierbims	0,38	Zement	1,3—1,8	frei	1,4—1,5
Kalk, gebr.	0,9—1,3	Ziegel gew.	1,4—1,6	Holzkohle, luft-	
Kalkbrei	1,1—1,3	» , Klinker	1,6—1,9	erfüllt	0,4
Kalkstein	2,4—2,8	Ziegelmauerwerk	1,4—1,6	Koks (im Stück)	1,2—1,4
Kies	1,8—2,0			Kork	0,24
Kieselsäure,krist.	2,6	Organische Stoffe[1]		Leder, trocken	0,85
Kunstsandstein	2,0—2,1	Anthrazit	1,4—1,7	» , gefettet	1,0
Lava	2,2—3,0	Asphalt	1,15—1,4	Papier	0,7—1,1
Lehm, trocken	1,5—1,6	Braunkohle	1,2—1,45	Paraffin	0,86—0,92
» , feucht	1,7—1,8	Fette	0,92—0,95	Pech	1,07—1,12
Magnesit	3,0	Gummi, roh	0,90—0,95	Preßkohle	1,2—1,3
Marmor	2,5—2,7	» , vulk.	1,2—2,0	Steinkohle (im	
Porzellan	2,3—2,5	Harze	1,0—1,1	Stück)	1,2—1,45
Quarz	2,5—2,7			Torf	0,6—0,9
Sand, trocken	1,4—1,7	Holzarten.		Torfstreu, gepr.	0,2—0,25
» , feucht	1,8—2,0	lufttrocken frisch		Wachs	0,92—0,97
		Eiche . 0,7—1,0	0,9—1,2		
		Esche . 0,6—0,9	0,7—1,1		

[1]) Vgl. ferner Zahlentafel II a auf Seite 13 ff.

c) Schüttgewicht technischer Stoffe (kg/m³).

Ammoniumchlorid	750	Kalkmehl	480—580
Ammonsulfat	750	Kesselschlacke	700—800
Holzscheite, Fichte oder Tanne	320—340	Kies	1800—2000
		Kieselgur, pulv.	250—350
Holzscheite, Buche	400	Reinigungsmasse, frisch	700—800
» , Eiche	420	» , ausgebr.	1000—1200
Kalk, gebrannt	900—1100	Soda, calc.	700—800

vgl. ferner die nachfolgenden Zahlentafeln.

d) Schüttgewicht von Brennstoffen (kg/m³).

Braunkohle, stückig u. luft- trocken	650—780	Zechenkoks	350—550
		Koksgrus	800—1000
Braunkohlenbriketts:		Steinkohle[2]):	
längliche Form	700—750	Ruhr	730—880
Semmelformat	800—850	Saar	700—820
geschichtet	1000—1050	Oberschlesien	760—820
Holzkohle, hart	200—250	Niederschlesien	760—860
» , weich	150—200	Torf, feucht	550—650
Koks[1])		» , lufttrocken	325—425
Gaskoks	350—550	Torfmull	180—200
Hüttenkoks	500—650		

[1]) Nach Körnung, Art der Ausgangskohle und Entgasungsbedingungen verschieden.
[2]) Nach Zeche und Körnung verschieden.

Unter Schüttgewicht eines festen Stoffes versteht man im Gegensatz zu dem mit genauen Verfahren festzustellenden spezifischen Gewicht des Stoffes ein technisches Raumgewicht, das den wirklichen, praktisch erreichbaren Gewichtswert des geschütteten Stoffes (auf Lagerhalden, in Bunkern oder sonstigen Hohlräumen) darstellt.

Schüttgewicht von Kohlen in Abhängigkeit von der Körnung.
(GWF **78**, 107, 1935.)

Grobe Förder- und Stückkohle . . . 890—800 kg/m³
Gebrochene Förderkohle . . . . . . 855—730 «
zumeist . . . . 780—750 «
Mischkohle Grob mit Fein . . . . . 780—750 «
Gewaschene Nußkohle . . . . 735—690 «
Feinkohle und gemahlene Kohle . . 740—655 «

e) Schüttgewicht von Feinkohle in Horizontalkammeröfen.
(Nach Koppers und Jenkner, Glückauf **66**, 836, 1930.)

Anlage	Kammerhöhe mm	Körnung <2 mm %	Wassergehalt der Kohle %	Raumgehalt naß kg/m³	Raumgehalt trocken kg/m³
A	3500	94	9,4	740	670
B	4000	79	8,5	762	697
C	4000	74	13,1	824	715
D	3300	61	8,5	801	733
E	3500	62	10,7	856	763
F	4000	63	11,6	878	775

Der Einfluß der Kohlekörnung auf das Schüttgewicht ist derart überwiegend, daß er den des Wassergehaltes der Kohle überdeckt.

f) Natürlicher Böschungswinkel bei loser Schüttung.
(In Winkelgraden.)

Erde	40—55°	Brechkoks I und II.	36—44°
Erze	45°	» III » IV.	35—39°
Kalkpulver, trocken	50°	Feinkohle,gewaschen	36—43°
Sand, feucht	27°	Nußkohle I und II	35—40°
» , trocken	32°	» III—V	32—36°
Zement	40°	Stückkohle	35—40°

g) Spezifisches Gewicht (bezogene Dichte) flüssiger Stoffe bei 20° [1]).
(Wasser bei + 4° C = 1,000.)

Äthyläther	0.714	Mineralschmieröl	0,88—0,94
Benzin	0,68—0,76	Petroläther	0,66—0,68
Glyzerin (28° Bé)	1,226	Petroleum	0,78—0,82
Kreosotöl	1,03—1,08	Terpentinöl	0,87
Leinöl, gek.	0,94	Tetrachlorkohlenstoff	1,594

h) Spezifisches Gewicht (bezogene Dichte) von verflüssigten Gasen bei t^0 [1]).
(Wasser bei + 4° C = 1,000.)

Gas	D_4	bei t^0 C	Gas	D_4	bei t^0 C
Ammoniak	0,638	0°	Schwefeldioxyd . .	1,46	— 10
Helium	0,122	— 269	Schwefelwasserstoff	0,96	— 60
Kohlendioxyd, fest.	0,654	— 79	Stickstoff	0,811	— 196
Kohlenoxyd	0,793	— 190	Wasserstoff	0,0700	— 253
Sauerstoff	1,142	— 183			

[1]) Vgl. ferner Zahlentafel II a auf Seite 13.

i) Wahre Dichte d (g/Ncm³) und Volumen v (Ncm³/g) des reinen Wassers bei verschiedenen Temperaturen (°C).

Temp.	Dichte	Volumen	Temp.	Dichte	Volumen	Temp.	Dichte	Volumen
0	0,99987	1,00013	34	0,99440	1,00563	110	0,9510	1,0515
2	0,99997	1,00003	36	0,99371	1,00633	120	0,9435	1,0600
4	1,00000	1,00000	38	0,99299	1,00706	130	0,9351	1,0694
6	0,99997	1,00003	40	0,99224	1,00782	140	0,9263	1,0795
8	0,99988	1,00012	45	0,99024	1,00985	150	0,9172	1,0903
10	0,99973	1,00027	50	0,98807	1,01207	160	0,9076	1,1018
12	0,99952	1,00048	55	0,98573	1,01448	170	0,8973	1,1145
14	0,99927	1,00073	60	0,98324	1,01705	180	0,8866	1,1279
16	0,99897	1,00103	65	0,98059	1,01979	190	0,8750	1,1429
18	0,99862	1,00138	70	0,97781	1,02270	200	0,8628	1,1590
20	0,99823	1,00177	75	0,97489	1,02576	220	0,837	1,195
22	0,99780	1,00221	80	0,97183	1,02899	240	0,809	1,236
24	0,99732	1,00269	85	0,96865	1,03237	260	0,779	1,283
26	0,99681	1,00320	90	0,96534	1,03590	280	0,75	1,34
28	0,99626	1,00375	95	0,96192	1,03959	300	0,70	1,42
30	0,99567	1,00435	100	0,95838	1,04343	320	0,66	1,51
32	0,99505	1,00497						

k) Wahre Dichte d (g/Ncm³) des Quecksilbers.

t°C	0	1	2	3	4	5	6	7	8	9
— 20	13,6450									
— 10	6202	6226	6251	6276	6301	6326	6350	6375	6400	6425
— 0	5955	5979	6004	6029	6053	6078	6103	6127	6152	6177
+ 0	13,5955	5930	5905	5880	5854	5831	5806	5782	5757	5732
10	5708	5683	5658	5634	5609	5584	5560	5535	5511	5486
20	5461	5437	5412	5388	5363	5339	5314	5290	5265	5241
30	5216	5191	5167	5142	5118	5094	5069	5045	5020	4996
40	4971	4947	4922	4898	4873	4849	4825	4800	4776	4751

t	d	t	d	t	d	t	d
50	13,4727						
60	4484	110	13,328	160	13,208	210	13,089
70	4241	120	304	170	184	220	065
80	3999	130	280	180	160	230	042
90	3757	140	256	190	137	240	018
100	352	150	232	200	113	250	12,994

l) Spezifisches Gewicht von Schwefelsäure.

Spez. Gewicht bei 15°/4°	Grad Baumé	100 Gewichtsteile entsprechen bei chemisch reiner Säure			1 Liter enthält Kilogramm bei chemisch reiner Säure		
		Proz. SO₃	Proz. H₂SO₄	Proz. 60 gräd. Säure	SO₃	H₂SO₄	60 gräd. Säure
1,00	0	0,07	0,09	0,12	0,001	0,001	0,001
1,01	1,4	1,28	1,57	2,01	0,013	0,016	0,020
1,02	2,7	2,47	3,03	3,88	0,025	0,031	0,040
1,03	4,1	3,67	4,49	5,78	0,038	0,046	0,059
1,04	5,4	4,87	5,96	7,64	0,051	0,062	0,079
1,05	6,7	6,02	7,37	9,44	0,063	0,077	0,099
1,06	8,0	7,16	8,77	11,24	0,076	0,093	0,119
1,07	9,4	8,32	10,19	13,05	0,089	0,109	0,140
1,08	10,6	9,47	11,60	14,87	0,103	0,125	0,161
1,09	11,9	10,60	12,99	16,65	0,116	0,142	0,181
1,10	13,0	11,71	14,35	18,39	0,129	0,158	0,202
1,11	14,2	12,82	15,71	20,13	0,143	0,175	0,223
1,12	15,4	13,89	17,01	21,80	0,156	0,191	0,245
1,13	16,5	14,95	18,31	23,47	0,169	0,207	0,265
1,14	17,7	16,01	19,91	25,13	0,183	0,223	0,287
1,15	18,8	17,07	20,91	26,79	0,196	0,239	0,308
1,16	19,8	18,11	22,19	28,43	0,210	0,257	0,330
1,17	20,9	19,16	23,47	30,07	0,224	0,275	0,352
1,18	22,0	20,21	24,76	31,73	0,238	0,292	0,374
1,19	23,0	21,26	26,04	33,37	0,253	0,310	0,397
1,20	24,0	22,30	27,32	35,01	0,268	0,328	0,420
1,21	25,0	23,33	28,58	36,66	0,282	0,346	0,444
1,22	26,0	24,36	29,84	38,23	0,297	0,364	0,466
1,23	26,9	25,39	31,11	39,86	0,312	0,382	0,490
1,24	27,9	26,35	32,28	41,37	0,327	0,400	0,513
1,25	28,8	27,29	33,43	42,84	0,341	0,418	0,535
1,26	29,7	28,22	34,57	44,30	0,356	0,435	0,558
1,27	30,6	29,15	35,71	45,76	0,370	0,454	0,581
1,28	31,5	30,10	36,87	47,24	0,385	0,472	0,605
1,29	32,4	31,04	38,03	48,73	0,400	0,490	0,629
1,30	33,3	31,99	39,19	50,21	0,416	0,510	0,653
1,31	34,2	32,94	40,35	51,71	0,432	0,529	0,677
1,32	35,0	33,88	41,50	53,18	0,447	0,548	0,702
1,33	35,8	34,80	42,66	54,67	0,462	0,567	0,727
1,34	36,6	35,71	43,74	56,05	0,479	0,586	0,751
1,35	37,4	36,58	44,82	57,43	0,494	0,605	0,775
1,36	38,2	37,45	45,88	58,79	0,509	0,624	0,800
1,37	39,0	38,32	46,94	60,15	0,525	0,643	0,824
1,38	39,8	39,18	48,00	61,51	0,541	0,662	0,849
1,39	40,5	40,05	49,06	62,87	0,557	0,682	0,873
1,40	41,2	40,91	50,11	64,21	0,573	0,702	0,899
1,41	42,0	41,76	51,15	65,55	0,589	0,721	0,924
1,42	42,7	42,57	52,15	66,82	0,604	0,740	0,949
1,43	43,4	43,36	53,11	68,06	0,620	0,759	0,973
1,44	44,1	44,14	54,07	69,29	0,636	0,779	0,998
1,45	44,8	44,92	55,03	70,52	0,651	0,798	1,023
1,46	45,4	45,69	55,97	71,72	0,667	0,817	1,047
1,47	46,1	46,45	56,90	72,91	0,683	0,837	1,072
1,48	46,8	47,21	57,83	74,10	0,699	0,856	1,097
1,49	47,4	47,95	58,74	75,27	0,715	0,876	1,122
1,50	48,1	48,73	59,70	76,50	0,731	0,896	1,147
1,51	48,7	49,51	60,65	77,72	0,748	0,916	1,174
1,52	49,4	50,28	61,59	78,93	0,764	0,936	1,199
1,53	50,0	51,04	62,53	80,13	0,781	0,957	1,226

2*

Spez. Gewicht bei 15°/4°	Grad Baumé	100 Gewichtsteile entsprechen bei chemisch reiner Säure			1 Liter enthält Kilogramm bei chemisch reiner Säure		
		Proz. SO₃	Proz. H₂SO₄	Proz. 60 gräd. Säure	SO₃	H₂SO₄	60 gräd. Säure
1,54	50,6	51,78	63,43	81,28	0,797	0,977	1,252
1,55	51,2	52,46	64,26	82,34	0,813	0,996	1,276
1,56	51,8	53,22	65,20	83,50	0,830	1,017	1,303
1,57	52,4	53,95	66,09	83,64	0,847	1,038	1,329
1,58	53,0	54,65	66,95	85,78	0,864	1,058	1,356
1,59	53,6	55,37	67,83	86,88	0,880	1,078	1,382
1,60	54,1	56,09	68,70	88,00	0,897	1,099	1,409
1,61	54,7	56,79	69,56	89,10	0,914	1,120	1,435
1,62	55,2	57,49	70,42	90,20	0,931	1,141	1,462
1,63	55,8	58,18	71,27	91,29	0,948	1,162	1,489
1,64	56,3	58,88	72,12	92,38	0,966	1,182	1,516
1,65	56,9	59,57	72,96	93,45	0,983	1,204	1,543
1,66	57,4	60,26	73,81	94,54	1,000	1,225	1,570
1,67	57,9	60,95	74,66	95,62	1,017	1,246	1,598
1,68	58,4	61,63	75,50	96,69	1,035	1,268	1,625
1,69	58,9	62,29	76,38	97,77	1,053	1,289	1,652
1,70	59,5	63,00	77,17	98,89	1,071	1,312	1,681
1,71	60,0	63,70	78,04	100,00	1,089	1,334	1,710
1,72	60,4	64,43	78,92	101,13	1,108	1,357	1,739
1,73	60,9	65,14	79,80	102,25	1,127	1,381	1,769
1,74	61,4	65,86	80,86	103,38	1,145	1,404	1,799
1,75	62,8	66,58	81,56	104,52	1,165	1,427	1,829
1,76	62,3	67,30	82,44	105,64	1,185	1,451	1,859
1,77	62,8	68,17	83,51	106,91	1,207	1,478	1,894
1,78	63,2	68,98	84,50	108,27	1,228	1,504	1,928
1,79	63,7	68,96	85,70	109,82	1,252	1,534	1,965
1,80	64,2	70,96	86,92	111,32	1,277	1,564	2,004
1,81	64,6	72,08	88,30	113,15	1,305	1,598	2,048
1,82	65,0	73,51	90,05	115,33	1,338	1,639	2,099
1,825	—	74,29	91,00	116,61	1,356	1,661	2,128
1,830	—	75,19	92,10	118,02	1,376	1,685	2,159
1,835	65,7	76,38	93,56	119,84	1,402	1,717	2,200
1,840	65,9	78,04	95,60	122,51	1,436	1,759	2,254
1,8410	—	78,69	96,38	123,45	1,448	1,774	2,273
1,8415	—	79,47	97,35	124,69	1,463	1,792	2,296
1,8410	—	80,16	98,20	125,84	1,476	1,808	2,317
1,8405	—	80,43	98,52	126,18	1,481	1,814	2,325
1,8400	—	80,59	98,72	126,44	1,483	1,816	2,327
1,8395	—	80,63	98,77	126,50	1,484	1,817	2,328
1,8390	—	80,93	99,12	126,99	1,488	1,823	2,336
1,8385	—	81,08	99,31	127,35	1,490	1,826	2,339

m) Umrechnungsformeln für ° Twaddle und ° Baumé in spezifisches Gewicht.

°Twaddle $d = \dfrac{200 + n}{200}$ (15,55° C)

°Baumé $d = \dfrac{144,3}{144,3 + n}$ (15° C) gültig für Flüssigkeiten leichter als Wasser

°Baumé $d = \dfrac{144,3}{144,3 - n}$ (15° C) gültig für Flüssigkeiten schwerer als Wasser.

$d =$ gesuchtes spezifisches Gewicht, $n =$ Wert in °Twaddle bzw. °Baumé.

n) Spezifisches Gewicht von Ammoniaklösungen bei 15° C.
(Nach Lunge und Wiernik.)

Spez. Gewicht bei 15° C	Prozent NH₃	1 Liter enthält NH₃ bei 15° C g	Korrektion des spez. Gew. für ± 1° C	Spez. Gew. bei 15° C	Prozent NH₃	1 Liter enthält NH₃ bei g 15° C	Korrektion des spez. Gew. für ± 1° C
1,000	0,00	0,0	0,00018	0,940	15,63	146,9	0,00039
0,998	0,45	4,5	0,00018	0,938	16,22	152,1	0,00040
0,996	0,91	9,1	0,00019	0,936	16,82	157,4	0,00041
0,994	1,37	13,6	0,00019	0,934	17,42	162,7	0,00041
0,992	1,84	18,2	0,00020	0,932	18,03	168,1	0,00042
0,990	2,31	22,9	0,00020	0,930	18,64	173,4	0,00042
0,988	2,80	27,7	0,00021	0,928	19,25	178,6	0,00043
0,986	3,30	32,5	0,00021	0,926	19,87	184,2	0,00044
0,984	3,80	37,4	0,00022	0,924	20,49	189,3	0,00045
0,982	4,30	42,2	0,00022	0,922	21,12	194,7	0,00046
0,980	4,80	47,0	0,00023	0,920	21,75	200,1	0,00047
0,978	5,30	51,8	0,00023	0,918	22,39	205,6	0,00048
0,976	5,80	56,6	0,00024	0,916	23,03	210,9	0,00049
0,974	6,30	61,4	0,00024	0,914	23,68	216,3	0,00050
0,972	6,80	66,1	0,00025	0,912	24,33	221,9	0,00051
0,970	7,31	70,9	0,00025	0,910	24,99	227,4	0,00052
0,968	7,82	75,7	0,00026	0,908	25,65	232,9	0,00053
0,966	8,33	80,5	0,00026	0,906	26,31	238,3	0,00054
0,964	8,84	85,2	0,00027	0,904	26,98	243,9	0,00055
0,962	9,35	89,9	0,00028	0,902	27,65	249,4	0,00056
0,960	9,91	95,1	0,00029	0,900	28,33	255,0	0,00057
0,958	10,47	100,3	0,00030	0,898	29,01	260,5	0,00058
0,956	11,03	105,4	0,00031	0,896	29,69	266,0	0,00059
0,954	11,60	110,7	0,00032	0,894	30,37	271,5	0,00060
0,952	12,17	115,9	0,00033	0,892	31,05	277,0	0,00060
0,950	12,74	121,0	0,00034	0,890	31,75	282,6	0,00061
0,948	13,31	126,2	0,00035	0,888	32,50	288,6	0,00062
0,946	13,88	131,3	0,00036	0,886	33,25	294,6	0,00063
0,944	14,46	136,5	0,00037	0,884	34,10	301,4	0,00064
0,942	15,04	141,7	0,00038	0,882	34,95	308,3	0,00065

o) Spezifisches Gewicht von Natronlauge
bei 15°. (Nach Lunge.)

Spez. Gewicht	° Baumé	Proz. Na₂O	Proz. NaOH	1 Liter enthält g Na₂O	NaOH
1,007	1	0,46	0,59	4,6	6,0
1,014	2	0,93	1,20	9,4	12,0
1,022	3	1,43	1,85	14,6	18,9
1,029	4	1,94	2,50	20,0	25,7
1,036	5	2,44	3,15	25,3	32,6
1,045	6	2,94	3,79	30,7	39,6
1,052	7	3,49	4,50	36,7	47,3
1,060	8	4,03	5,20	42,7	55,0
1,067	9	4,54	5,86	48,4	62,5
1,075	10	5,10	6,58	54,8	70,7
1,083	11	5,66	7,30	61,3	79,1
1,091	12	6,25	8,07	68,3	88,0

Spez. Gewicht	°Baumé	Proz. Na₂O	Proz. NaOH	1 Liter enthält g NaOH	1 Liter enthält g Na₂O
1,100	13	6,81	8,78	74,9	96,6
1,108	14	7,36	9,50	81,5	105,3
1,116	15	7,98	10,30	89,0	114,9
1,125	16	8,57	11,06	96,4	124,4
1,134	17	9,22	11,90	104,6	134,9
1,142	18	9,84	12,69	112,5	145,0
1,152	19	10,46	13,50	120,5	155,5
1,162	20	11,12	14,35	129,2	166,7
1,171	21	11,74	15,15	137,5	177,4
1,180	22	12,40	16,00	146,3	188,8
1,190	23	13,11	16,91	156,0	201,2
1,200	24	13,80	17,81	165,6	213,7
1,210	25	14,50	18,71	175,5	226,4
1,220	26	15,23	19,65	185,8	239,7
1,231	27	15,97	20,60	196,6	253,6
1,241	28	16,70	21,55	207,2	267,4
1,252	29	17,43	22,50	218,2	281,7
1,263	30	18,21	23,50	230,0	296,8
1,274	31	18,97	24,48	241,7	311,9
1,285	32	19,77	25,50	254,0	327,7
1,297	33	20,60	26,58	267,2	344,7
1,308	34	21,43	27,65	280,0	361,7
1,320	35	22,35	28,03	295,0	380,6
1,332	36	23,25	30,00	309,7	399,6
1,345	37	24,18	31,20	325,2	419,6
1,357	38	25,19	32,50	341,8	441,0
1,370	39	26,14	33,73	358,1	462,1
1,383	40	27,13	35,00	375,2	484,1
1,397	41	28,18	36,36	393,7	507,9
1,410	42	29,18	37,65	411,4	530,9
1,424	43	30,27	39,06	431,0	556,2
1,438	44	31,37	40,47	451,1	582,0
1,453	45	32,57	42,02	473,2	610,6
1,468	46	33,77	43,58	495,7	639,8
1,483	47	35,00	45,16	519,1	669,7
1,498	48	36,22	46,73	542,6	700,0
1,514	49	37,52	48,41	568,1	732,9
1,530	50	38,83	50,10	594,1	766,5

p) Spezifisches Gewicht von Kalkmilch.

Spez. Gewicht	°Baumé	Gehalt an g CaO/l	Spez. Gewicht	°Baumé	Gehalt an g CaO/l	Spez. Gewicht	°Baumé	Gehalt an g CaO/l
1,01	1,4	12	1,09	11,8	113	1,17	21,0	216
1,02	2,8	24	1,10	13,1	126	1,18	22,0	229
1,03	4,1	36	1,11	14,3	139	1,19	23,0	242
1,04	5,4	49	1,12	15,4	152	1,20	24,0	255
1,05	6,8	62	1,13	16,6	266	1,21	24,0	268
1,06	8,0	74	1,14	17,7	279	1,22	25,0	281
1,07	9,3	87	1,15	18,8	291	1,23	26,0	294
1,08	10,6	100	1,16	19,9	203	1,24	27,0	308

q) Spezifisches Gewicht von Alkohol-Wasser-Gemischen.
(Gewichtsprozente.)

Gew.-%	Spez. Gewicht 15/15	20/15	Gew.-%	Spez. Gewicht 15/15	20/15	Gew.-%	Spez. Gewicht 15/15	20/15
1	0,9981	0,9972	35	0,9492	0,9458	85	0,8360	0,8316
2	0,9963	0,9954	40	0,9397	0,9361	90	0,8230	0,8187
3	0,9945	0,9937	45	0,9295	0,9257	95	0,8092	0,8049
4	0,9928	0,9920	50	0,9187	0,9147	96	0,8063	0,8021
5	0,9912	0,9903	55	0,9075	0,9034	97	0,8034	0,7991
10	0,9839	0,9828	60	0,8960	0,8919	98	0,8004	0,7962
15	0,9777	0,9762	65	0,8844	0,8802	99	0,7974	0,7932
20	0,9716	0,9696	70	0,8727	0,8684	100	0,7943	0,7901
25	0,9651	0,9626	75	0,8607	0,8564			
30	0,9564	0,9546	80	0,8485	0,8441			

(Volumenprozente.)

Vol.-%	Spez. Gewicht 15/15	Vol.-%	Spez. Gewicht 15/15	Vol.-%	Spez. Gewicht 15/15	Vol.-%	Spez. Gewicht 15/15
1	0,9985	20	0,9761	55	0,9243	90	0,8339
2	0,9970	25	0,9710	60	0,9135	95	0,8161
3	0,9956	30	0,9654	65	0,9021	96	0,8121
4	0,9942	35	0,9591	70	0,8900	97	0,8079
5	0,9928	40	0,9518	75	0,8773	98	0,8035
10	0,9866	45	0,9436	80	0,8640	99	0,7988
15	0,9811	50	0,9344	85	0,8495	100	0,7938

3. Feuerfeste Ofenbaustoffe.
a) Unterteilung.

Als feuerfeste Baustoffe werden natürliche und künstliche Baustoffe bezeichnet, deren Kegelschmelztemperatur nicht unterhalb 1580° liegt. Die künstlichen feuerfesten Baustoffe, die durch Brennverfahren hergestellt werden, werden unterschieden in 1. (basische) Schamotteerzeugnisse, 2. (halbsaure) Quarzschamotteerzeugnisse, 3. (saure) Silikaerzeugnisse und 4. Sondererzeugnisse.

1. Die Herstellung der Schamotte erfolgt durch Brennen eines Gemisches von feuerfestem vorgebranntem und nicht vorgebranntem Ton. Durch Brennen von nicht vorgebranntem Ton allein werden Tonsteine erhalten.

2. Die Herstellung von Quarzschamotte erfolgt wie unter 1 beschrieben, dem Gemisch wird jedoch noch Quarz zugefügt.

3. Silikaerzeugnisse werden erhalten aus freier mineralischer Kieselsäure mit Kalk oder Ton als Bindemittel.

4. Sondererzeugnisse: Sillimanit (Tonerdesilikat), Magnesit, Chromit, Siliziumkarbid, Korund u. a. m.

Ofenflickmörtel nach Bellingen:

95—98% Silikamehl und 5—2% Natriumaluminat.

Ofenflickmörtel nach Offe:

40% gepulverte Schamotte, 40% Kraterzement, 20% Ton.

b) Eigenschaften feuerfester Baustoffe (nach Koppers).

Stoff	Schamotte (hochbasisch)	Quarzschamotte	Silika (Koksofen)	Silika (Martinofen)	Magnesitstein
Durchschnittliche Zusammensetzung					
Al_2O_3 . . . . %	42—45	15—17	1,8—2	1,2— 1,5	—
SiO_2 . . . . %	50—54	80—83	94—94,5	95—95,5	—
MgO . . . . %	—	—	—	—	93,0
Verhalten gegen Schlacke	bedingt durch die Zusammensetzung der Schlacke	empfindlich gegen Alkali	widerstandsfähig gegen Alkali	beständig gegen saure, empfindlich gegen basische Schlacken	sehr widerstandsfähig gegen basische Schlacken
Verhalten gegen Temperaturwechsel	im gesamten Temperaturbereich gut	unterhalb Rotglut empfindlich, oberhalb Rotglut genügend widerstandsfähig	unterhalb Rotglut sehr empfindlich, oberhalb Rotglut genügend widerstandsfähig	—	wenig beständig
Erweichungsbeginn unter 2 kg/cm² Belastung °C	1250	1350	—	—	—
Grenze der Temperaturbeanspruchung °C	1500	1350	1600	1700	2000
Zusammensinken °C	1650	1450—1500	1550—1650	wenig unterhalb Schmelztemperatur	oberhalb 1750
ungefährer Schmelzpunkt °C	1750	1650—1670	1700	1700	2200
Verwendung	Feuerungen, Kohlenstaubfeuerungen, Winderhitzer, Hochöfen	Industrieöfen, Koksöfen	keramische Öfen, Koksöfen, Gewölbe in Glasschmelzöfen	Gewölbeköpfe und -pfeiler der Siemens-Martinöfen	metallurgische Öfen

4. Festigkeitseigenschaften verschiedener Stoffe.

a) Festigkeit von Eisen und Stahl.

Benennung	DIN-Bezeichnungen	Statische Festigkeitswerte						Dynamische Festigkeitswerte		
		Elastizitätsmodul kg/mm²	Zugfestigkeit kg/mm²	Streckgrenze	Dehnung in % δ_5	Dehnung in % δ_{10}	Brinellhärte kg/mm²	Zug-Wechselfestigkeit kg/mm²	Biegungs-Wechselfestigkeit kg/mm²	Kerbschlagfestigkeit kg/mm²
Gußeisen	Ge 14.91	10000	14*	—	—	—	—	—	—	—
	Ge 22.91	12000	22*	—	—	—	—	—	—	—
	Ge 26.91		26*	—	—	—	—	—	—	—
Temperguß:										
Handelsübl. Temperguß hochwertiger weißer	Te 32.92	—	32*	18*	2*	—	—	—	—	—
Temperguß hochwert. schwarzer	Te 38.92	—	38*	21*	4*	—	—	—	—	—
Temperguß. Kurzbez. »Schwarzguß«	Te 35.92	—	35*	19*	9*	—	—	—	—	—
Maschinenbaustahl	St 34.71		34—42*	19*	30*	25*	95—120	12	17	—
	St 37.11		37—45*	—	25*	20*	115—140	15	20	—
	St 42.11		42—50*	23*	25*	20*	140—170	18	25	—
	St 50.11		50—60*	27*	22*	18*	170—210	20	28	—
	St 60.11		60—70*	30*	17*	14*	210—255	25	32	—
	St 70.11		70—85*	35*	12*	10*				—
Einsatz- und Vergütungsstahl	StC 35.61	rd. 21000	50—60*	28*	23*	19*	—	—	—	—
			55—65*	33*	22*	18*	—	—	—	—
	StC 60.61		70—85*	40*	15*	13*	—	—	—	—
			75—90*	45*	14*	12*	—	—	—	—
Chromnickelstahl.										
Einsatzstahl	EN 15		55[3]	65%[4]*	20—10*	18—8*	162[3]*	—	—	16[4]
	ECN 45		83*	75%*	14—7*	10—5*	240*	—	—	8
Vergütungsstahl	VCN 15w		70*	65%*	24—18*	16—13*	206*	23	32	15[2]
	VCN 15h		70*	70%*	22—16*	15—12*	206*	26	36	—
	VCN 45		90*	80%*	15—9*	10—6*	265*	35	46	10
Stahlguß Normalgüte	Stg 38.81	rd. 22000	38*	—	20*	—	—	—	—	—
	Stg 45.81		45*	—	16*	—	—	—	—	—
	Stg 60.81		60*	—	8*	—	—	—	—	—

Die mit * versehenen Werte sind den Normen entnommen. ²) vergütet. ³) geglüht. ⁴) gehärtet bzw. vergütet.

b) Festigkeit von Nichteisenmetallen.

Benennung		Zugfestigkeit σB kg/mm²	Bruchdehnung $\delta 10$ %	Brinellhärte (P = 10 D²) kg/mm²
a) Knetlegierungen.				
Reinaluminium	weich	7—11	40—30	15—25
	hart	15—20	8—4	35—45
Aluminiumlegierungen (DIN 1713)				
1. Gattung Al-Cu-Mg	weich	16—22	25—15	40—60
(Aludur, Bondur,	ausgehärtet	34—52	24—8	90—140
Dural u. a.)	ausgehärtet u. kalt			
	verfestigt	42—58	15—5	120—150
2. Gattung Al-Cu-Ni	weich	16—22	25—15	40—60
(Duralumin W,	ausgehärtet	33—42	20—8	100—120
Y-Legierung)				
3. Gattung Al-Cu	weich	16—22	25—15	50—60
(Lautal, Allautal)	abgeschreckt	30—36	25—15	70—90
	ausgehärtet	38—42	20—8	100—120
	ausgehärtet u. kalt			
	verfestigt	42—50	10—2	120—140
4. Gattung Al-Mg-Si	weich	11—13	27—15	30—40
(Aldrey, Duralumin K,	abgeschreckt	18—28	25—12	50—70
Korrofestal, Pantal	ausgehärtet	26—35	20—10	60—100
u. a.)	ausgehärtet u. kalt			
	verfestigt	35—42	10—2	100—120
5. Gattung Al-Mg	weich	20—45	25—15	45—90
(BS-Seewasser,	halbhart	25—48	15—10	60—100
Hydronalium)				
6. Gattung Al-Mg-Mn	weich	16—24	25—15	50—60
(KS-Seewasser,	halbhart	20—30	8—4	60—80
Peraluman)	hart	24—38	5—2	70—90
7. Gattung Al-Si	weich	12—15	25—15	40—50
(Silumin)	halbhart	15—20	10—3	50—60
	hart	18—25	5—2	60—80
8. Gattung Al-Mn	weich	10—15	35—20	20—40
(Aluman, Heddal,	halbhart	12—18	15—5	40—50
Mangal u. a.)	hart	18—25	5—2	50—60
Bronze (91% Cu, 9% Sn)		25,4	19,5	76
Walzbronze weich:	Stangen	—		
	Drähte	40—50	50—70	—
	Bleche u. Bänder	40—50	60—70	rd. 77
hart:	Stangen	50—52	15—20	rd. 190
	Drähte	70—90	1,5—3	1—5
	Bleche u. Bänder	75—80	—	rd. 170
Elektron	gepreßt (VI)	34—37	7—9	70
	gepreßt, gehärtet			
	(VI h)	38—42	2—5	85—90
	gepreßt (AZM)	28—32	12—16	55
	gepreßt (Z 1 b)	25—27	15—28	45
Kupfer	weich	21—24	> 38	rd. 50
	hart	35—45	2—5	rd. 90

Festigkeit von Nichteisenmetallen.

Benennung		Zugfestigkeit σB kg/mm²	Bruchdehnung $\delta 10$ °/₀	Brinellhärte (P = 10 D²) kg/mm²
Messing (Walz- und Schmiedemessing)		42—45	33—35	90—105
Nickel	weich geglüht	40—45	40—50	80—90
	hart gewalzt	70—80	2	180—220
Zinkblech	längs der Faser	19	18	—
	quer der Faser	25	15	—

b) Gußlegierungen.

Aluminium-Gußlegierungen (DIN 1713)

1. Gattung G Al-Cu (Amerik. Legierung)	Sandguß	12—18	4—0,5	60—90
	Kokillenguß	12—20	3—0,5	70—100
2. Gattung G Al-Zn-Cu (Dtsch. Legierung)	Sandguß	12—18	4—0,5	60—90
	Kokillenguß	12—20	3—0,5	70—100
3. Gattung G Al-Si (Silumin)	Sandguß	17—22	8—4	50—60
	Kokillenguß	18—26	5—3	60—80
4. Gattung G Al-Si-Mg (Silumin-Gamma)	Sandguß	25—29	4—1	80—100
	Kokillenguß	26—32	1,5—0,7	90—110
5. Gattung G Al-Mg (BS-Seewasser, Hydronalium u. a.)	Sandguß, hom.	15—20	5—2	60—70
	» , unbeh.	20—26	8—4	60—70
	Kokillenguß	22—26	10—5	70—80
6. Gattung G Al-Mg-Si (Anticorodal, Pantal u. a.)	Sandguß aus-	17—28	4—1	70—100
	Kokillenguß geh.	20—30	4—1	80—100
Kupfer	gegossen	15—20	15—25	rd. 50
	normalisiert	21—24	> 38	rd. 50
Rotguß (Rg. 5, Rg. 9, Rg. 10 nach DIN 1713)		15—20	6—12	50—70

c) Festigkeit verschiedener Stoffe gegen Zug (Z), Druck (D,) Biegung (B) und Schub (S) (in kg/mm²) [1].

Stoff	Z	D	B	S	Stoff	Z	D	B	S
Blei,					Holz ‖ d. Faser				
gezogen . .	2,1	—	—	—	» Buche .	13	3,5—7	10—18	—
angelassen .	1,8	—	—	—	» Eiche .	5—17	4—7	7—15	0,5
Basalt . . .	—	bis 40	—	—	» Esche .	3—22	4—5	9—10	—
Bronze . . .	18—80	—	—	—	» Tanne .	8,5—11	4—5	9—10	1,5
Ebonit . . .	2,6—5,5	—	5—6	—	Lederriemen .	2—6	—	—	—
Glas	3—9	60—126	—	—	Sandstein . .	—	7—10	0,6	—
Granit . . .	0,5	8—20	0,8	0,8	Seil, Draht- .	140—250	—	—	—
					Ziegelstein . .	—	> 1,5	—	—

[1] Nach Landolt-Börnstein, Phys.-chem. Tabellen, Bd. I, S. 87.

5. Kompressibilität von Flüssigkeiten.

a) Begriff.

Die Kompressibilität (Zusammendrückbarkeit) von Flüssigkeiten ist nur sehr gering und kann bei gleichbleibender Temperatur durch die Gleichung

$$\beta = \frac{1}{v}\left(\frac{\delta v}{\delta p}\right)$$

dargestellt werden. Dieser Kompressibilitätskoeffizient β ist druck- und temperaturabhängig. Mit steigender Temperatur nimmt er im allgemeinen zu, mit steigendem Druck vermindert er sich. Der Kompressibilitätskoeffizient von Wasser dagegen nimmt zunächst von 0 bis 50° ab, durchschreitet bei 50—60° ein Minimum und steigt bei höheren Temperaturen wieder an.

b) Kompressibilitätskoeffizient von Flüssigkeiten.

Stoff	Temp. °C	Druckgrenzen at	$\beta \cdot 10^6$	Stoff	Temp. °C	Druckgrenzen at	$\beta \cdot 10^6$
Alkohol . .	15	1 — 40	100	Paraffinöl .	15	1 — 10	63
Benzol . .	15	1 — 10	75	Pentan . .	20	1 — 30	242
» . .	20	100 — 300	78	Petroleum .	16	1 — 15	77
» . .	20	300 — 500	66,5	Quecksilber	20	0 — 100	3,9
Glycerin .	15	1 — 10	22	Tetrachlor-			
n-Hexan .	18	0 — 8	147	kohlenstoff	20	0 — 100	91,5
Methanol .	0	1 — 500	79	Toluol . .	18	0 — 8	86
» .	0	500 — 1000	58	Xylol . . .	10	1 — 5	74
Nitrobenzol	18	0 — 8	47				

c) Kompressibilitätskoeffizient des Wassers ($\beta \cdot 10^6$).
(Nach Amagat.)

at	0°	5°	10°	15°	20°	at	0°	5°	10°	15°	20°
1 — 25	52,5	51,2	50,0	49,5	49,1	100 — 125	49,4	47,7	46,6	45,4	44,9
25 — 50	51,6	49,6	49,2	48,0	47,6	125 — 150	49,1	47,5	46,3	45,4	44,6
50 — 75	50,9	48,5	47,3	46,5	45,6	150 — 175	49,1	47,5	46,3	45,1	44,2
75 — 100	50,2	48,1	47,0	45,7	45,3	175 — 200	48,8	47,2	46,0	44,7	43,8

d) Mittlerer Kompressibilitätskoeffizient des Wassers bei 1—100 at ($\beta \cdot 10^6$).

°C	$\beta \cdot 10^6$	°C	$\beta \cdot 10^6$	°C	$\beta \cdot 10^6$
0	51,1	20	46,8	60	45,5
5	49,3	30	46,0	70	46,2
10	48,3	40	44,9	100	47,8
15	47,3	50	44,9		

6. Löslichkeit von Gasen.

a) Begriff.

Sämtliche Gase sind, wenn zum Teil auch in nur sehr geringem Maße, in Wasser und sonstigen Flüssigkeiten löslich. Die Löslichkeit des Gases ist hierbei proportional dem Druck (Henrysches Absorptionsgesetz) und fernerhin abhängig von der Temperatur. Von Gasgemischen wird jedes Gas seinem Partialdruck entsprechend aufgelöst (Daltonsches Summationsgesetz).

Die Löslichkeit eines Gases wird zumeist angegeben in Form des Bunsenschen Absorptionskoeffizienten α. Dieser gibt das von der Volumeneinheit des Lösungsmittels bei einer gegebenen Temperatur aufgenommene Volumen des Gases (unter Normalbedingungen) an, unter der Voraussetzung, daß der Teildruck des Gases 760 mm Hg beträgt. Zuweilen wird die Löslichkeit (nach Ostwald) als Absorptionskoeffizient α' angeführt, der das Verhältnis der Konzentration des Gases in der Flüssigkeit zu der in der Atmosphäre angibt. α' ist somit bei Gültigkeit des Henry-Daltonschen Gesetzes für eine gegebene Temperatur vom Teildruck des Gases in der Atmosphäre unabhängig.

c) Löslichkeit verschiedener Gase in Benzol bei 20° C.

Gas	α'	Gas	α'	Gas	α'
Wasserstoff . . .	0,071	Schwefelwasser-		Methan	0,568
Stickstoff	0,111	stoff	15,68	Äthan	4,36
Sauerstoff . . .	0,219	Schwefeldioxyd .	84,81	Propan.	16,3
Ammoniak . . .	9,95	Kohlendioxyd .	2,54	Äthylen	3,59
		Kohlenoxyd . .	0,170	Azetylen	5,20

d) Löslichkeit von Azetylen in Azeton.

Temp. °C	α'	Temp. °C	α'	Temp. °C	α'
0	38,6	15	27,3	30	19,8
5	34,4	20	24,5	35	17,9
10	30,7	25	22,0	40	16,2

e) Löslichkeit von Gasen in Wasser bei erhöhtem Druck. Absorptionskoeffizient α.
(Nach Wiebe und Gaddy, Journ. Amer. chem. Soc. **56**, 77, 1934.)

	Wasserstoff at abs						Stickstoff at abs				
°C	25	50	100	150	200	300	°C	25	50	100	200	300
0	0,536	1,068	2,130	4,187	4,187	6,139	25°	0,348	0,674	1,264	2,257	3,061
10	0,487	0,969	1,932	2,872	3,796	5,579	50°	0,273	0,533	1,011	1,830	2,572
20	0,450	0,895	1,785	2,649	3,499	5,158	75°	0,254	0,494	0,946	1,732	2,413
30	0,426	0,848	1,689	2,508	3,311	4,897	100°	0,266	0,516	0,986	1,822	2,546
40	0,413	0,822	1,638	2,432	3,210	4,747						
50	0,407	0,809	1,612	2,395	3,165	4,695			Sauerstoff			
75	0,414	0,826	1,643		3,420			Für 0 — 70 at gültig bei + 25° C				
100	0,462	0,912	1,805	2,681	3,544	5,220			$\alpha = 0,0258 \cdot at$			

b) Löslichkeit von Gasen in Wasser bei 1 at abs.

(Absorptionskoeffizient α.)

t °C	Luft¹)	Atmosph. Stickstoff²)	Stickstoff (rein)	Sauerstoff	Wasserstoff	Ammoniak	Schwefelwasserstoff	Schwefeldioxyd³)	Kohlenoxyd	Kohlendioxyd	Methan	Äthylen	Propylen	Azethylen
0	0,02885	0,02359	0,02319	0,04922	0,02148	1186	4,670	79,79	0,03537	1,713	0,05563	0,226	0,50	1,73
2	0,02742	0,02251		0,04661	0,02105	1125	4,379	74,69	0,03375	1,584	0,05244	0,211	0,41	1,63
4	0,02609	0,02151	0,02068 (5°)	0,04426	0,02064	1067	4,107	69,78	0,03222	1,473	0,04946	0,197	0,365	1,53
6	0,02486	0,02057		0,04214	0,02025	1010	3,852	65,20	0,03078	1,377	0,04669	0,184	0,325	1,45
8	0,02372	0,01972		0,04020	0,01989	957	3,616	60,81	0,02942	1,282	0,04413	0,173	0,295	1,37
10	0,02268	0,01895	0,01863	0,03842	0,01955	903	3,399	56,65	0,02816	1,194	0,04177	0,162	0,27	1,31
12	0,02174	0,01825		0,03679	0,01925	852	3,206	52,72	0,02701	1,117	0,03970	0,152	0,255	1,24
14	0,02088	0,01761	0,01702 (15°)	0,03530	0,01897	807	3,028	49,03	0,02593	1,050	0,03779	0,143	0,24	1,18
16	0,02009	0,01703		0,03391	0,01869	763	2,865	45,58	0,02494	0,985	0,03606	0,136	0,23	1,13
18	0,01937	0,01649		0,03263	0,01844	721	2,717	42,39	0,02402	0,928	0,03448	0,129	0,22	1,08
20	0,01871	0,01598	0,01572	0,03145	0,01819	683	2,582	39,37	0,02319	0,878	0,03308	0,122	0,21	1,03
25	0,01727	0,01489	0,01465	0,02887	0,01754	602	2,282	32,79	0,02142	0,759	0,03006	0,108	—	0,93
30	0,01607	0,01398	0,01375	0,02673	0,01699	539	2,037	27,16	0,01998	0,665	0,02762	0,098	—	0,84
35	0,01504	0,01320	0,01299	0,02492	0,01666	488	1,831	22,49	0,01877	0,592	0,02546	—	—	—
40	0,01419	0,01252	0,01233	0,02340	0,01644	446	1,660	18,77	0,01775	0,530	0,02369	—	—	—
45	0,01352	0,01189	0,01171	0,02211	0,01624	409	1,516	—	0,01690	0,479	0,02238	—	—	—
50	0,01298	0,01133	0,01116	0,02101	0,01608	375	1,392	—	0,01615	0,436	0,02134	—	—	—
60	0,01216	0,01023	—	0,01946	0,01600	314	1,190	—	0,01488	0,359	0,01954	—	—	—
70	0,01156	0,00977	—	0,01833	0,0160	256	1,022	—	0,01440	—	0,01825	—	—	—
80	0,01126	0,00958	—	0,01761	0,0160	203	0,917	—	0,01430	—	0,01770	—	—	—
90	0,0111	0,0095	—	0,0172	0,0160	150	0,84	—	0,0142	—	0,01735	—	—	—
100	0,0111	0,0095	—	0,0170	0,0160	98	0,81	—	0,0141	0,26	0,0170	—	—	—

¹) Sauerstoffgehalt der gelösten Luft bei 0° 34,9%, bei 15° 34,2%, bei 30° 33,6%.

²) Atmosphärischer Stickstoff, bestehend aus 98,815 Vol.-% N_2 + 1,185 Vol.-% Ar.

³) Infolge Nichtgültigkeit des Henry-Daltonschen Gesetzes beträgt nicht der Partialdruck des Schwefeldioxyds, sondern der Gesamtdruck 760 mm.

Löslichkeit von Kohlendioxyd in Wasser unter erhöhtem Druck. (Absorptionskoeffizient α.)

at. abs	25	30	35	40	45	50	60	65	70
20° C	15,9	17,8	19,7	21,6	23,3	25,1	26,9	—	—
35° C	8,1	9,6	11,3	13,0	14,6	16,2	17,9	19,7	21,6
60° C	—	—	—	—	9,0	9,7	10,5	11,4	12,3

Löslichkeit von Ammoniak in Wasser bei erhöhtem Druck.
(Nach Wilson, University of Illinois, Bull. 146.)
1 kg Lösung kann bei dem Druck p folgende Mengen Ammoniak enthalten

p at abs	Temperatur °C							
	0	10	20	30	40	60	80	100
0,2	0,253	0,202	0,155	0,110	0,068			
0,5	0,347	0,294	0,244	0,197	0,152	0,071		
1,0	0,438	0,378	0,325	0,275	0,228	0,140	0,062	
1,5	0,503	0,433	0,384	0,332	0,286	0,198	0,116	0,033
2,0	0,566	0,483	0,418	0,363	0,314	0,225	0,141	0,067
2,5	0,627	0,526	0,454	0,396	0,345	0,255	0,170	0,091
3,0	0,702	0,568	0,487	0,424	0,371	0,280	0,195	0,115
4,0	0,930	0,656	0,547	0,473	0,414	0,318	0,234	0,154
5,0		0,790	0,611	0,520	0,453	0,350	0,265	0,186
6,0		0,971	0,681	0,564	0,490	0,379	0,292	0,214
8,0			0,935	0,670	0,560	0,429	0,336	0,257
10,0				0,824	0,630	0,473	0,372	0,290

f) Löslichkeit von Gasen in Gasöl bei erhöhtem Druck bei 25° C. Absorptionskoeffizient α.
(Nach Frolich, Tauch, Hogan und Peer, Ind. Eng. Chem. **23**, 548, 1931).

Druck at abs	O_2	H_2S	C_2H_4	C_3H_8	C_3H_6
1	0,137	10,0	2,51	17,0	10,6
2	0,274	13,7	5,02	34,0	21,2
3	0,412	17,4	7,53	51,0	31,8
4	0,549	21,0	10,04	68,0	42,4
5	0,686	24,8	12,55	85,0	53,0
6	0,824	28,5	15,06	102,0	63,6
8	1,097	36,0	20,08	136,0	84,8
10	1,372	39,6	25,10	170,0	106,0

g) Löslichkeit verschiedener organischer Stoffe in Wasser bei 20°. g Substanz in 100 g Wasser.

Äther	7,41	m-Kresol . . .	2,18	Resorcin	103
Äthylbenzol . . .	0,020	p-Kresol	1,94	Schwefelkohlen-	
Anilin	3,6	Naphtalin . . .	0,0027	stoff	0,217
Benzol	0,178	Nitrobenzol . .	0,19	Tetrachlor-	
Chloroform . . .	0,822	Pentan	0,036	kohlenstoff .	0,080
Heptan	0,005	Phenol	9,12	Toluol	0,053
Hexan	0,014	Phenolphtalein .	0,0175	o-Xylol	0,023
Hydrochinon . .	7,8	Pikrinsäure (0°)	0,68	m-Xylol	0,019
o-Kresol	2,45	» (20°)	1,11	p-Xylol	0,019

i) Gehalt des Benzolwaschöls und des Gases an Benzolkohlenwasserstoffen in Abhängigkeit von der Temperatur.
(Nach Brückner und Gruber, GWF 77, 897, 1934.)

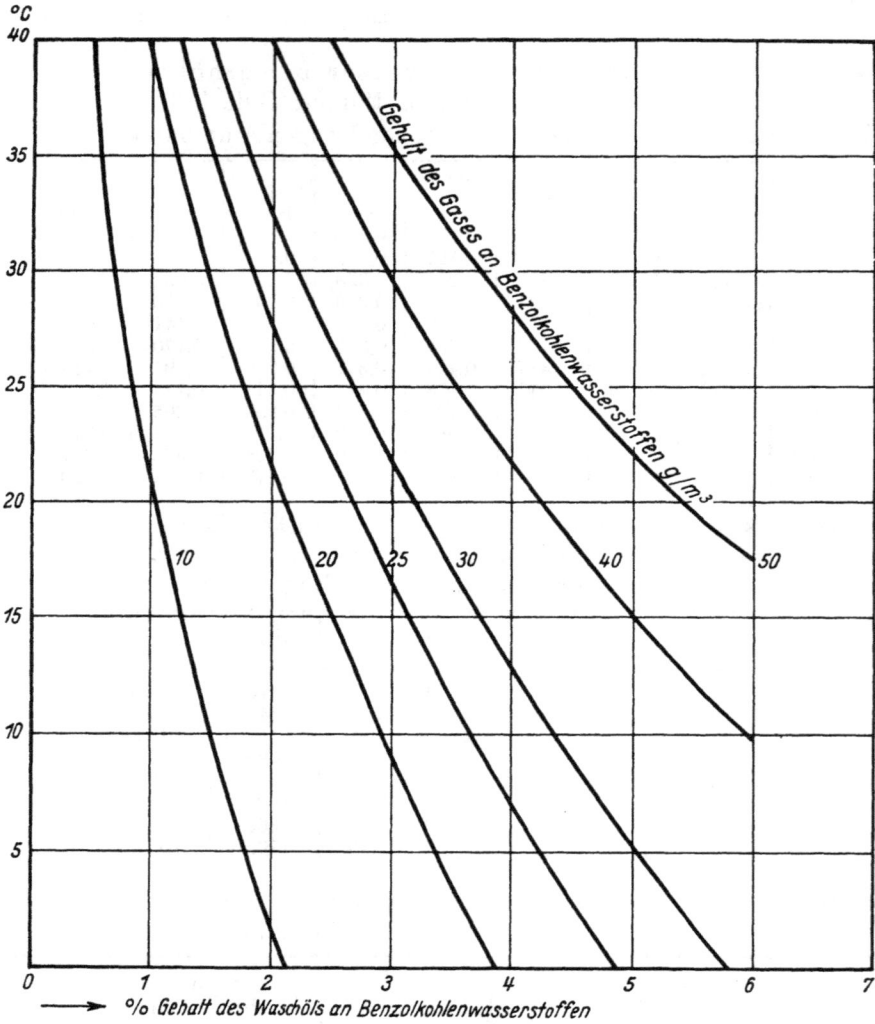

Abb. 1.

k) Gleichgewichtsdrucke zwischen Gehalt von Steinkohlengas und Benzolwaschöl an Benzolkohlenwasserstoffen.

(Nach Brückner und Gruber, GWF 77, 897, 1934.)

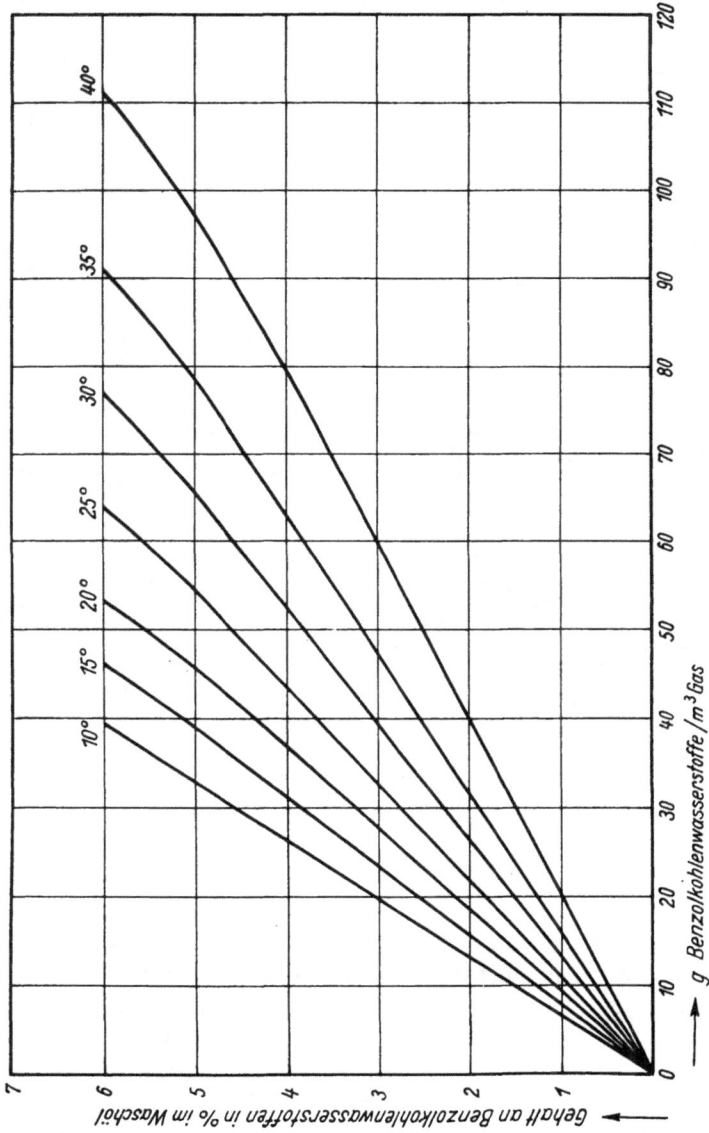

g Benzolkohlenwasserstoffe /m³ Gas

Gehalt an Benzolkohlenwasserstoffen in % im Waschöl

Abb. 2.

h) Löslichkeit von Naphthalin in verschiedenen Lösungs-
mitteln.
(g Naphthalin in 100 g Lösung.)

Temp. °C	Benzol	Toluol	Xylol	Äthyl-benzol	Diäthyl-benzol	Methyl-naphta-lin	Äthyl-naphta-lin	Tetra-lin	Dekalin
— 10	—	14,7	10,4	15,5	15,0	7,4	9,3	—	—
0	23,1	18,1	15,9	20,8	18,8	13,0	12,0	12,0	2,9
10	28,4	24,7	22,1	27,3	24,8	20,3	17,5	16,2	10,3
20	36,2	32,0	29,2	35,1	31,9	28,0	24,1	23,2	20,3
30	45,2	40,5	37,5	44,9	39,4	36,3	31,1	31,0	30,4
40	[1]	[1]	46,4	56,0	47,6	45,9	38,6	—	42,1

[1]) In jedem Verhältnis löslich.

	Hexan	Solvent-naphta[1])	Naph-talin-waschöl	Metha-nol	Butyl-alkohol	Chloro-form	Nitro-benzol	Anilin	Chlor-benzol
— 10	3	9,8	16,7	—	—	—	13,8	—	18,4
0	5,5	13,5	20,0	3,8	—	19,5	15,7	9,5	24,6
10	9,0	18,6	24,5	5,4	6,5	25,5	20,0	13,0	31,4
20	14,1	24,6	30,0	7,9	9,1	31,8	26,6	18,4	40,2
30	21,0	32,0	36,6	10,9	12,7	40,1	34,5	26,4	49,3
40	30,8	40,7	44,2	14,9	17,9	49,5	45,0	37,5	58,5

[1]) Entspricht Handelsbenzol V bis VI.

l) Lösungswärme von Ammoniak.

Prozentgehalt der Ammoniaklösung	Lösungswärme in kcal von 1 kg NH₃ gasf., 15°, 1 at	Prozentgehalt der Ammoniaklösung	Lösungswärme in kcal von 1 kg NH₃ gasf., 15°. 1 at
0	493	30	413
5	483	35	397
10	471	40	379
15	458	45	359
20	444	50	339
25	429	55	319

7. Diffusion von Gasen.

a) Begriff.

Die Diffusion von Gasen, d. h. deren Wanderung im Raum unter Ausgleich von Konzentrationsunterschieden, beruht auf der thermischen Bewegung der Gasmoleküle. Diese Bewegung erfolgt infolge gegenseitiger Behinderung jedoch nur für kurze Strecken geradlinig (mittlere freie Weglänge der Moleküle). Die Maßzahl für die Diffusion bildet der Diffusionskoeffizient δ. Dieser ist von der mittleren Geschwindigkeit c der Gasmoleküle (cm/s bei 0°) und der mittleren freien Weglänge L (cm bei 0° und 760 Torr) wie folgt abhängig:

$$\delta = c \cdot \frac{L}{3}.$$

b) Diffusionskoeffizient von Gasen und Dämpfen.

Gas bzw. Dampf	$\frac{c}{\text{cm/s}}$	$L\,10^5$	Gas bzw. Dampf	$\frac{c}{\text{cm/s}}$	$L\,10^5$
Äthylalkohol	35440	215	Methylalkohol . . .	42490	327
Äthylen	45420	345	Quecksilber	17000	217
Ammoniak	58270	441	Sauerstoff	42510	647
Argon	38080	635	Schwefeldioxyd. . .	30040	290
Benzol	27220	138	Schwefelkohlenstoff .	27560	201
Helium	120400	1798	Schwefelwasserstoff .	41190	375
Kohlendioxyd . . .	36250	397	Stickstoff	45430	599
Kohlenoxyd	45450	584	Wasserdampf. . . .	56650	404
Luft	44690	608	Wasserstoff	169200	1123
Methan	60060	493			

8. Zähigkeit von Gasen und Dämpfen.

a) Begriff.

Die absolute Zähigkeit, innere Reibung oder Viskosität η eines Gases oder einer Flüssigkeit bedeutet die Eigenschaft, der gegenseitigen Verschiebung der Moleküle einen Widerstand entgegenzusetzen. Die Zähigkeitszahl (Reibungskoeffizient) η stellt die Kraft dar, die der Bewegung einer Gas- oder Flüssigkeitsschicht von der Flächeneinheit (cm²) dadurch entgegenwirkt, daß diese Schicht sich mit einer gleichbleibenden Geschwindigkeit 1 (cm/s) im Abstand 1 (cm) vor einer gleich großen ruhenden Schicht vorbeibewegt. Die Einheit der absoluten Zähigkeitszahl η ist daher $1\,\text{Dyn} \cdot \text{cm}^{-2} \cdot \text{s} = 1\,\text{g} \cdot \text{cm}^{-1} \cdot \text{s}^{-1} = 1\,\text{Poise (p)}$. Der hundertste Teil der letzteren wird als 1 Zentipoise (cp) bezeichnet. Wasser bei 20° C besitzt eine Zähigkeitszahl 1,005 cp oder angenähert 1 cp. Bei Flüssigkeiten fällt die Zähigkeit mit steigender Temperatur ab, bei Gasen nimmt sie dagegen zu.

Bei Gasen kann die Zähigkeitszahl η aus der kinetischen Gastheorie zu der Gleichung

$$\eta = k \cdot N \cdot c \cdot l \cdot m$$

abgeleitet werden. Darin bedeuten k einen Faktor $k = 0{,}3503$, N die Molekülzahl je Raumeinheit, c die mittlere Molekülgeschwindigkeit, l die mittlere freie Weglänge und m die Masse der Moleküle.

Bei strömungstechnischen Betrachtungen kommt nicht die absolute sondern die kinematische Zähigkeit ν in Betracht, die als Quotient von absoluter Zähigkeit η und Dichte d (g/cm³), $\nu = \dfrac{\eta}{d}$ erhalten wird. Im einzelnen ergeben sich folgende Dimensionen:

	C-G-S-System	Technisches Maßsystem
Absolute Zähigkeit . . η	$\text{g}\,\text{cm}^{-1}\,\text{s}^{-1}$	$\text{kg}\,\text{m}^{-2}\,\text{s}$
Kinematische Zähigkeit ν	$\text{cm}^2\,\text{s}^{-1}$	$\text{m}^2\,\text{s}^{-1}$
Dichte . . . . d	g/cm^3	$\text{kg}\,\text{m}^{-4}\,\text{s}^2$

3*

und gegenseitigen Beziehungen:

$$\eta_{techn} = \frac{\eta_{abs}}{98,1} \ kg \ m^{-2} \ s$$

$$\nu_{techn} = \frac{\eta_{abs}}{10 \ d} \cdot$$

Für die rechnerische Erfassung der Temperaturabhängigkeit der absoluten Zähigkeit der Gase hat sich die Formel von Sutherland auch für größere Temperaturbereiche gut bewährt. Diese lautet:

$$\eta_t = \eta_0 \sqrt{\frac{T}{273} \cdot \frac{\left(1 + \frac{C}{273}\right)}{\left(1 + \frac{C}{T}\right)}},$$

in der C die Sutherlandsche Konstante darstellt.

Für von der gewöhnlichen nur wenig abweichende Temperaturen (-10 bis $+40^0$) besteht bei der absoluten Zähigkeit η eine direkte geradlinige Temperaturabhängigkeit gemäß der Gleichung:

$$\eta_t = \eta_0 (1 + \beta t).$$

Durch Gleichsetzen der beiden letzten Gleichungen läßt sich β bei 30^0 C aus der Sutherlandschen Konstante C wie folgt errechnen:

$$\beta = \frac{\sqrt{\frac{303}{273}} \cdot \frac{\left(1 + \frac{C}{273}\right)}{\left(1 - \frac{C}{303}\right)} - 1}{30}$$

Für die Temperaturabhängigkeit der kinematischen Zähigkeit zwischen -10 und 40^0 gilt mit genügender Genauigkeit:

$$\nu_t = \nu_0 (1 + \vartheta t),$$

worin

$$\vartheta = \beta + \frac{1}{273} + \frac{30 \beta}{273} + 1,1099 \beta + \frac{1}{273} \cdot$$

Bei Gasgemischen[1]) läßt sich die absolute Zähigkeit im allgemeinen nicht nach der Mischungsregel errechnen, sondern nur die Gemische N_2—O_2, O_2—CO und O_2—CO_2 zeigen eine lineare Abhängigkeit. Für die sonstigen Gemische sind Formeln aufgestellt worden, die jedoch bereits bei Gemischen von nur zwei Gasen sehr umfangreiche Ausdrücke darstellen.

----

[1]) Einzelheiten siehe Zipperer und Müller; GWF 75, 623, 641, 660 (1932).

Für die Berechnung der kinematischen Zähigkeit ν von Gasgemischen haben Zipperer und Müller (s. o.) folgende Näherungsformel aufgestellt:

$$10^6 \cdot \nu = \frac{100\,\nu_m}{(O_2 + CO + CH_4 + N_2) + 2\,(CO_2 + C_mH_n) + 1/7\,H_2}\ m^2\,s^{-1},$$

in der ν_m den mittleren Wert der kinematischen Zähigkeit der Gase Stickstoff, Methan, Kohlenoxyd und Sauerstoff bei 20^0, $\nu_m = 15{,}28 \cdot 10^{-2}$ cm^2 s^{-1}, und die Formeln für die Einzelgase deren Gehalt im Gemisch in Prozent darstellen.

Annäherungsweise kann die kinematische Zähigkeit ν von Gasgemischen mit einem Grenzgehalt der Einzelgase $CO_2 = 3{,}3$ bis $60{,}3\%$, $O_2 = 0{,}0$ bis $2{,}0\%$, $CO = 4{,}6$ bis $50{,}3\%$, $H_2 = 5{,}1$ bis $87{,}7\%$, $CH_4 = 2{,}2$ bis $20{,}9$ nach Richter[1]) auch aus dem spezifischen Gewicht des Gases γ (Luft $= 1$) wie folgt berechnet werden:

$$10^6 \cdot \nu = 0{,}755 + \frac{13{,}82}{\gamma} - \frac{0{,}775}{\gamma^2}\ m^2\,s^{-1}\ (20^0,\ 760\ \text{Torr}).$$

b) Absolute und kinematische Zähigkeit reiner Gase bei Atmosphärendruck[2]).

Gas bezw. Dampf	Abs. Zähigkeit η_0 g cm^{-1} s^{-1} · 10^7	Sutherlandsche Konstante C	$\beta \cdot 10^5$	Abs. Zähigkeit η_0 kg m^{-2} s · 10^7	Kinematische Zähigkeit ν_0 m^2 s^{-1} · 10^6	$\vartheta \cdot 10^5$
Azetylen	943	198	—	9,61	8,05	—
Äthan	855	287	—	8,72	6,30	—
Äthylen	933	257	356	9,51	7,46	761
Ammoniak . . .	926	370	—	9,44	12,00	—
Argon	2103	164	283	21,37	11,79	682
Benzoldampf . .	699	380	447	7,13	2,01	862
Butan	841	349	—	8,57	3,11	—
Cyan	940	330	—	9,58	4,02	—·
Cyanwasserstoff .	700	901	—	7,14	5,72	—
Helium	1880	78,2	232	19,16	105,3	625
Kohlendioxyd . .	1405	266	359	14,30	7,16	765
Kohlenoxyd . . .	1656	104	277	16,88	13,26	673
Luft	1728	116	285	17,62	13,36	682
Methan	1036	190	318	10,56	14,49	719
Propan	752	324	—	7,67	3,72	—
Propylen	765	322	—	7,80	3,99	—
Sauerstoff	1927	131	295	19,65	13,49	693
Schwefeldioxyd .	1183	416	—	12,06	4,04	—
Schwefelwasser-stoff	1175	331	—	11,98	7,63	—
Stickstoff	1673	112	282	17,05	13,31	679
Wasserdampf[3]) .	904	673	—	9,22	11,24	—
Wasserstoff . . .	848	90	260	8,65	94,27	655

[1]) GWF **75**, 989 (1932).

[2]) Zähigkeit des Wasserdampfes bis 30 at s. W. Schiller, Forschung a. d. Gebiet d. Ingenieurwesens **5**, 71 (1934).

[3]) Zahlenwerte nach Landolt-Börnstein, sowie nach Zipperer und Müller.

c) Absolute und kinematische Zähigkeit verschiedener technischer Gase. (Nach Herning und Zipperer, GWF 79, 49, 1936).

Gas	Raum-gewicht γ_{20} kg/m³	Abs. Zähigkeit η_{20} $g\,cm^{-1}s^{-1}\cdot10^7$	Kin. Zähig-keit ν_{20} $m^2s^{-1}\cdot10^6$	Gaszusammensetzung in Vol.-%						
				CO_2	C_nH_m	O_2	CO	H_2	CH_4	N_2
Kokereigas 1 . .	0,4468	1262	28,25	1,7	2,1	0,9	6,0	57,5	24,0	7,8
» 2 . .	0,4987	1304	26,15	2,1	2,3	0,9	5,7	53,0	24,3	11,7
» 3 . .	0,4802	1310	27,28	2,0	2,0	1,4	4,6	54,9	23,5	11,6
Stadtgas 1 . .	0,4919	1332	27,08	3,3	1,4	0,6	3,8	51,3	29,6	10,0
» 2 . .	0,4656	1306	28,05	2,2	1,3	0,6	4,1	53,1	29,5	9,2
» 3 . .	0,4729	1307	27,64	2,2	1,2	1,0	4,0	52,3	29,9	9,4
Mischgas	0,5278	1355	25,67	2,5	1,6	0,8	14,9	53,0	18,1	9,1
Generatorgas 1 .	1,0023	1714	17,10	4,8	0,5	0,3	26,4	17,2	2,6	48,2
» 2 .	1,0184	1712	16,81	3,5	0,8	0,3	27,3	14,4	3,7	50,0
» 3 .	0,9779	1715	17,54	3,1	0,9	0,5	28,6	17,7	4,2	45,0
Gichtgas	1,2052	1749	14,51	8,7	—	—	32,8	1,5	0,2	56,8
Abgas 1	1,2256	1756	14,33	8,6	—	2,3	—	—	—	89,1
» 2	1,2597	1749	13,88	13,3	—	3,9	—	—	—	82,8
» 3	1,2238	1793	14,65	6,2	—	10,7	—	—	—	83,1

d) Absolute Zähigkeit η des Quecksilbers ($cm^{-1}\,g\,s^{-1}$).

Temp. °C	η	Temp. °C	η	Temp. °C	η
0	0,0168	40	0,0148	80	0,0130
20	0,0159	60	0,0137	100	0,0123

e) Absolute Zähigkeit η des Wassers ($cm^{-1}\,g\,s^{-1}$).

Temp. °C	η	Temp. °C	η	Temp. °C	η
0	0,0178	40	0,0067	80	0,0036
20	0,0101	60	0,0047	100	0,0030

f) Absolute Zähigkeit η verschiedener Flüssigkeiten ($cm^{-1}\,g\,s^{-1}$).

Flüssigkeit	°C	η	Flüssigkeit	°C	η
Äthylalkohol	0	0,0177	Methanol	25	0,0055
»	25	0,0108	»	50	0,0040
»	50	0,0070	Nitrobenzol	25	0,0183
Äthylbenzol	0	0,0087	Oktan	20	0,0054
Äthylsulfid	0	0,0056	Paraffinöl	20	1,02
Ammoniak	33,5	0,0025	Pentan	20	0,0024
Anilin	25	0,0374	Phenol	25	0,0850
Benzin	20	0,0052	Schwefelkohlenstoff .	0	0,0044
Benzol	20	0,0065	Terpentinöl	0	0,0225
»	50	0,0042	Tetrachlorkohlenstoff	0	0,0135
Cyclohexan	20	0,0097	Thiophen	0	0,0087
Diäthyläther	0	0,0029	Toluol	0	0,0077
»	25	0,0023	»	20	0,0059
Glycerin	20	10,69	Trichloräthylen . . .	25	0,0055
Hexan	20	0,0033	o-Xylol	0	0,0110
Kohlensäure (flüssig)	20	0,0007	»	20	0,0081
Kresol	45	0,04	m-Xylol	0	0,0081
Merkaptan	25	0,0021	»	20	0,0062
Methanol	0	0,0082	p-Xylol	20	0,0065

B. Thermodynamische Eigenschaften.

9. Temperatur[1]) und Temperaturmessung[2]).

a) Temperaturfixpunkte.

Laut reichsgesetzlicher Regelung gilt in Deutschland für Temperatur-angaben ausschließlich die hundertteilige thermodynamische Skale, die die Ausdehnung eines idealen Gases zugrunde legt. Dabei bilden in Übereinstimmung mit internationalen Übereinkommen mehrere bestimmte Festpunkte als Zahlenwerte die Grundlage. Diese sind folgende:

1. Sauerstoffpunkt. Siedetemperatur von flüssigem Sauerstoff bei 760 Torr . . . . — 182,97°

    Für etwas abweichende Drucke gilt die Beziehung:

    $t_p = t_{760} + 0,0126 \, (p - 760) - 0,0000065 \, (p - 760)^2$.

2. Eispunkt. Gleichgewichtstemperatur zwischen schmelzendem Eis und luftgesättigtem Wasser . . .   ± 0,000°

3. Dampfpunkt. Siedetemperatur von Wasser bei 760 Torr . . . . + 100,000°

    $(t_p = t_{760} + 0,0367 \, (p - 760) - 0,000023 \, (p - 760)^2)$

4. Schwefelpunkt. Siedetemperatur von Schwefel bei 760 Torr . . . . + 444,60°

    $(t_p = t_{760} + 0,0909 \, (p - 760) - 0,000048 \, (p - 760)^2)$

5. Silberpunkt. Schmelzpunkt von reinstem Silber bei 760 Torr . . . . + 960,5°

6. Goldpunkt. Schmelzpunkt von reinstem Gold bei 760 Torr . . . . 1063°

Im Temperaturbereich von — 190 bis + 650° wird die Interpolation zwischen den international festgelegten Festpunkten mittels eines Platin-Widerstandsthermometers vorgenommen, zwischen 650 und 1063°

---

[1]) Vgl. Landoldt-Börnstein, 2. Ergänz.-Bd., S. 1149 (1931).
[2]) Für Temperaturmessungen bei Abnahmeversuchen sind im Jahr 1936 »Regeln« erschienen. Bezugsquelle dieser Regeln: VDI-Verlag, Berlin, Preis RM. 2.00.

mittels eines Platin-Platinrhodium-Thermoelementes. Im letzteren Fall soll die elektromotorische Kraft zwischen 1063° und einer Bezugstemperatur von 0° C 10,30 ± 0,10 Millivolt betragen.

Weitere Hilfsfixpunkte sind folgende:

1. Sublimationstemperatur des Kohlendioxyds bei 760 Torr . . . . — 78,50°

$$t_p = t_{760} + 0{,}01595\,(p - 760) - 0{,}000011\,(p - 760)^2$$

2. Schmelztemperatur von Quecksilber . . . . . . — 38,87°
3. Umwandlungstemperatur von Natriumsulfat . . . + 32,38°
4. Siedetemperatur von Naphthalin . . . . + 217,96°

$$t_p = t_{760} + 0{,}058\,(p - 760)\ \text{(gültig für } p = 750 \text{ bis}$$
760 Torr)

5. Erstarrungstemperatur von Zinn . . . . + 231,85°
6. Erstarrungstemperatur von Kadmium . . . . . . + 320,9°
7. Erstarrungstemperatur von Zink . . . . + 419,45°
8. Erstarrungstemperatur von Antimon . . . . . . + 630,5°
9. Erstarrungstemperatur von Kupfer . . . . + 1083°
10. Schmelztemperatur von Palladium . . . . + 1557°
11. Schmelztemperatur von Platin . . . . + 1770°
12. Schmelztemperatur von Wolfram . . . . + 3400°

Bei Temperaturen oberhalb 1063° (Goldpunkt) erfolgt die Temperaturbestimmung durch Messung des Intensitätsverhältnisses J/J_{Au} der Strahlung des bei der Wellenlänge λ sichtbaren Lichtes eines schwarzen Körpers bei der Temperatur t und der Temperatur des Goldpunktes gemäß der Beziehung

$$\log \text{nat}\ \frac{J}{J_{Au}} = \frac{1{,}432}{\lambda}\left(\frac{1}{1336} - \frac{1}{t + 273}\right),$$

wobei $\lambda \cdot (t + 273) < 0{,}3$ cm Grad sein muß.

b) Temperaturmeßgeräte.

1. Flüssigkeitsthermometer.

a) Quecksilberthermometer. Meßbereich von Thermometern aus Jenaer Normalglas von — 39 bis + 500°, aus geschmolzenem Quarzglas bis + 750°.

Korrektur für den herausragenden Faden bei Quecksilberthermometern.

Wenn bei einem Thermometer aus Jenaer Normalglas, das eine Temperatur von t_a° C anzeigt, n Grade aus dem Gerät herausragen und die Skala eine mittlere Temperatur von t_b° besitzt, so müssen infolge

des scheinbaren Ausdehnungskoeffizienten des Quecksilbers in Quarzglas von $k = 0,00016$ zu der abgelesenen Temperatur $0,00016\, n\,(t_a - t_b)$
Grad hinzugezählt werden, um die wahre Temperatur t zu ermitteln.

$$t = t_a + 0,00016\, n\,(t_a - t_b).$$

b) Für einfache Temperaturmessungen oder sehr tiefe Temperaturen
verwendet man häufig Thermometer mit einer Füllung von gefärbtem
Alkohol, Toluol (beide bis — 100⁰), Petroläther oder Pentan (beide bis
— 200⁰).

2. Gasthermometer bestehen aus einem zylindrischen Glas- oder
seltener Metallgefäß, das mit Wasserstoff, Helium, Luft oder Stickstoff
gefüllt ist, das über eine Kapillare mit einem Quecksilbermanometer
in Verbindung steht. Der Druck soll bei 0⁰ 100 cm Quecksilber betragen.
Die Eichung erfolgt bei 0 und 100⁰.

3. Thermoelemente bestehen aus zwei mittels einer Lötstelle
verbundenen Drähten aus verschiedenen Metallen. Beim Erhitzen der
Lötstelle entsteht eine durch ein Millivoltmeter meßbare Potential-
differenz (Thermokraft), indem bei dem geschlossenen Stromkreis die
Verbindungen der Drahtenden mit dem Galvanometer (zumeist aus
Kupfer) die kalt gehaltenen Nebenlötstellen darstellen. Die Thermokraft der einzelnen Metalle wird auf Platin als Normalmetall bezogen.
Im einzelnen ergibt sich dabei folgende »thermoelektrische Spannungs-
reihe«:

Thermokraft verschiedener Metalle und Legierungen gegen
Platin für einen Temperaturabfall von + 100 auf 0⁰ C.

	Millivolt		Millivolt
Konstantan (60 Cu, 40 Ni)	+ 3,5	Platin-Rhodium (90 Pt, 10 Rh)	— 0,6
Nickel	+ 1,7	Manganin (84 Cu, 4 Ni,	
Palladium	+ 0,5	12 Mn)	— 0,65
Platin	0	Kupfer	— 0,7
Blei	— 0,4	Silber	— 0,75
Aluminium	— 0,4	Gold	— 0,75
		Eisen	— 1,5 bis — 1,9

Für jedes beliebige Leiterpaar ergibt sich die Thermokraft E aus
dem Unterschied der oben angeführten Zahlen, beispielsweise für

$$(E_{\text{Konstantan}-\text{Silber}})_0^{100} = 4,25 \text{ Millivolt.}$$

Als eichfähiges Normalthermoelement dient das Platin-Platin-Rhodium-
Element (Pt — 90 Pt, 10 Rh), dessen Thermokraft E durch die Gleichung

$$E = -310 + 8,084\, t + 0,00172\, t^2$$

ausgedrückt werden kann und in der t die Temperatur der Lötstelle
bedeutet, während die Kaltlötstellen auf 0⁰ gehalten werden.

4. Pyrometer in den verschiedensten Ausführungsformen beruhen auf der Messung der Strahlung eines glühenden Körpers, wobei die Messungen streng genommen nur für die Strahlung des »absolut schwarzen Körpers« gelten. Meßgenauigkeit moderner Geräte ± 5 bis 10⁰.

Eine Schätzung der Temperatur allein nach der Glühfarbe des erhitzten Körpers ist ziemlich ungenau.

Glühfarben von Stahl.

Temp.-Bereich ⁰C	Glühfarbe	Temp.-Bereich ⁰C	Glühfarbe	Temp.-Bereich ⁰C	Glühfarbe
520—575	schwarzbraun	775— 800	kirschrot	1050—1150	dunkelgelb
575—650	braunrot	800— 825	hellkirschrot	1150—1250	hellgelb
650—750	dunkelrot	825— 875	hellrot	> 1250	weiß
750—775	dunkelkirsch-rot	875—1050	gelbrot		

Anlaßfarben von Stahl.

Temp. ⁰C	Anlaßfarbe	Temp. ⁰C	Anlaßfarbe	Temp. ⁰C	Anlaßfarbe
200	weiß	260	braunviolett	300	hellblau
220	strohgelb	270	purpur	310	graublau
240	ocker	280	violett	320	graugrünlich
250	gelbrot	290	dunkelblau		

5. Segerkegel sind kleine dreiseitige Pyramiden von 6 cm Höhe aus Gemischen von Feldspat, Ton und Quarz, deren Zusammenschmelzen beobachtet wird. Als Endtemperatur gilt der Augenblick des Berührens der Kegelspitze auf der Unterlage.

Schmelztemperaturen der Segerkegel (KSP.) in ⁰C
(in möglichst neutraler Ohmatmosphäre).

Sk.-Nr.	022	021	020	019	018	017	016	015a	014a	013a
KSP.	600	650	670	690	710	730	750	790	815	835
Sk.-Nr.	012a	011a	010a	09a	08a	07a	06a	05a	04a	03a
KSP.	855	880	900	920	940	960	980	1000	1020	1040
Sk.-Nr.	02a	01a	1a	2a	3a	4a	5a	6a	7	8
KSP.	1060	1080	1100	1120	1140	1160	1180	1200	1230	1250
Sk.-Nr.	9	10	11	12	13	14	15	16	17	18
KSP.	1280	1300	1320	1350	1380	1410	1435	1460	1480	1500
Sk.-Nr.	19	20	26	27	28	29	30	31	32	33
KSP.	1520	1530	1580	1610	1630	1650	1670	1690	1710	1730
Sk.-Nr.	34	35	36	37	38	39	40	41	42	—
KSP.	1750	1770	1790	1825	1850	1880	1920	1960	2000	—

c) Thermokräfte verschiedener Thermoelemente in Millivolt
(nach Heraeus).

Temp. °C	Elementenpaar						
	Kupfer-Konstantan	Silber-Konstantan	Eisen-Konstantan	Chrom-nickel-Konstantan	Nickel-Nickel-chrom	Pallaplat[1]	Platin-Platin-rhodium[2]
20	0,00	0,00	0,00	0,00	0,00	0,00	0,00
100	3,45	3,45	4,25	4,40	3,25	2,36	0,53
200	8,35	8,35	9,75	10,60	7,30	6,04	1,31
300	13,80	13,80	15,25	17,40	11,40	10,10	2,20
400	19,75	19,75	20,85	24,90	15,50	14,56	3,14
500	26,15	26,15	26,50	32,50	19,80	19,22	4,10
600	32,95	32,95	32,20	40,10	24,05	24,22	5,11
700	—	—	—	—	28,30	29,36	6,15
800	—	—	—	—	32,20	34,58	7,22
900	—	—	—	—	,36,45	39,85	8,32
1000	—	—	—	—	40,65	44,98	9,45
1100	—	—	—	—	44,80	50,03	10,62
1200	—	—	—	—	48,95	54,08	11,81
1300	—	—	—	—	—	59,88	13,00
1400	—	—	—	—	—	—	14,19
1500	—	—	—	—	—	—	15,37
1600	—	—	—	—	—	—	16,55
max. Abweichung vom Normalwert	± 1,5 %	± 1,5 %	± 1,5 %	± 1,5 %	± 0,8 %	± 0,5 %	± 0,3 %

[1] Plusschenkel 95 % Platin + 5 % Rhodium, Minusschenkel 50 % Palladium + 50 % Gold.
[2] Plusschenkel 90 % Platin + 10 % Rhodium, Minusschenkel Platin.

Mittels Thermoelementen wird nicht die wirkliche Temperatur sondern nur der Temperaturunterschied zwischen der Lötstelle des Elements und seinen freien Enden bzw. seinen Anschlußklemmen gemessen. Diese »Kaltstellen« sollen tunlichst auf 20° gehalten werden. Wenn dies infolge der Kürze des Thermoelements oder aus anderen Gründen unmöglich ist, sind an die Drahtenden entweder Ausgleichsleitungen (aus dem gleichen Metall) anzuschließen oder es sind entsprechende Temperaturberichtigungen erforderlich. Wenn beispielsweise bei einer Temperatur der Lötstelle von 1000° die Klemmentemperatur an Stelle von 20° 80° beträgt, so zeigt das Ablesegerät nicht 1000° sondern 80—20 = 60° weniger, mithin nur 940° an. Zu der abgelesenen Temperatur müssen daher 60° hinzugezählt werden. Das gleiche gilt im umgekehrten Sinne für tiefere Temperaturen als + 20°. Diese Berichtigung kann in Fortfall gebracht werden, wenn das Anzeigegerät vor Beginn der Messung mittels der hierfür angebrachten Stellschraube auf die Temperatur der freien Enden eingestellt wird. Wenn dies unmöglich ist, gilt als Regel, daß bei Edelmetall-Elementen nur der halbe Unterschied, bei Nickel-Chromnickel- und Eisen-Elementen dagegen der gesamte Temperaturunterschied abzuziehen bzw. zuzuzählen ist.

10. Joule-Thomson-Effekt.

a) Begriff.

Die Temperaturänderung, die ein Gas beim Strömen durch eine Drosselstelle ohne Wärmezu- oder -ableitung unter Druckverminderung erfährt, wird als Joule-Thomson-Effekt bezeichnet. Der »differentiale« Joule-Thomson-Effekt a_i bedeutet dabei das Verhältnis von einer unendlich kleinen Temperaturänderung zu einer unendlich kleinen Drucksenkung:

$$a_i = \left(\frac{\Delta t}{\Delta p}\right)$$

unter der Voraussetzung, daß bei der Entspannung durch Drosselung der Wärmeinhalt des Systems gleich bleibt. Unter praktischen Verhältnissen wird mit dem differentialen Joule-Thomson-Effekt die Temperaturänderung in ^{0}C ausgedrückt, die bei einer Senkung des Gasdruckes um 1 at eintritt.

Bei einer Entspannung über einen größeren Druckbereich wird die stattfindende Temperaturänderung als »integraler« Joule-Thomson-Effekt bezeichnet.

Rechnerisch läßt sich die Temperaturänderung Δt eines Gases bei bekannter spezifischer Wärme C_p und bekanntem Ausdehnungskoeffizienten v für die Druckänderung Δp aus der Summe von innerer und äußerer Arbeit berechnen. Thermodynamisch gilt:

$$\Delta t = \frac{1}{C_p}\left[T\left(\frac{\partial v}{\partial T}\right)_p - v\right] \cdot \Delta p.$$

Unter Zugrundelegung der van der Waals'schen Zustandsgleichung bei Ersatz der Konstanten a, b und R durch die kritischen Daten erhält man ferner mit genügender Annäherung

$$\Delta t = C_p\left[\frac{9}{2}\left(\frac{T_k}{T}\right)^2 - \frac{1}{4}\right] \cdot v_k \cdot \Delta p.$$

Bei einem differential kleinen Druckabfall ergibt sich ferner die Inversionstemperatur T_i zu $T_i = \sqrt{18 \cdot T_k}$.

b) Joule-Thomson-Effekt verschiedener Gase bei 0^0 C.
^{0}C/at

	Druck in at					
	0	10	20	40	60	80	100
Luft	0,28	0,27	0,26	0,24	0,23	0,21	0,19
Kohlendioxyd . . .	1,20	1,31	1,43	1,46	—	—	—
Sauerstoff	0,33	0,32	0,31	0,29	0,27	0,26	0,24

Joule-Thomson-Effekt von Luft für — 175 bis + 10^0 und für 0 bis 210 at siehe H. Hausen, Forschungsarb. VDI 1926, Heft 274.

11. Wärmeausdehnung.

a) Begriff.

Bei der Erwärmung eines Stabes von der Länge l_0 bei 0^0 auf t^0 C erfährt dieser eine Ausdehnung auf l_t.

$$l_t = l_0 (1 + \beta t).$$

Der lineare Ausdehnungskoeffizient β ist für die einzelnen Stoffe verschieden groß.

Für einen Würfel mit der Kantenlänge l_0 beträgt die räumliche Ausdehnung $$l_t^3 = l_0^3 (1 + \beta t)^3,$$

oder mit großer Annäherung (da β^2 und β^3 sehr kleine Größen darstellen) $$l_t^3 = l_0^3 (1 + 3\beta t)$$

oder allgemein für einen festen oder flüssigen Körper $$v_t = v_0 (1 + 3\beta t).$$

b) Lineare Ausdehnung fester Stoffe.

Stoff	Temp.-Bereich ° C	$l^3 \cdot 10^6$	Stoff	Temp.-Bereich ° C	$l^3 \cdot 10^6$
Aluminium	0—100	23,7	Konstantan ...	0—100	15,2
»	0—300	25,7	» ...	0—500	16,8
»	0—500	27,4	Kupfer......	0—100	16,2
Bakelit	0—100	29,5	»	0—500	18,1
Blei	0—100	28,9	Magnesia	0—1200	12,6
» (flüssig) ...	350	127	Mangan	0—100	22,8
Bronze......	0—100	15—18	Marmor	15—100	11,7
Chromit	0—1500	10,5	Marquardmasse ..	0—600	5,1
Eis	—10—0	50,7	» ..	0—1200	6,1
Eisen, rein (α) ..	0—100	11,7	Messing	0—100	19,0
» , » (γ) ..	900—1000	22,2	»	0—500	21,6
Fluß-	0—100	12,0	Neusilber.....	0—100	18,4
»	0—500	14,1	Nickel	0—100	13,0
Flußstahl	0—100	11,7	»	0—1000	16,8
»	0—500	13,8	Nickelstahl	0	5—12
Eisen, Guß- ...	0—100	10,4	Paraffin	0—15	190
» , » ...	0—500	12,8	Platin	0—100	9,0
» , Schweiß- ..	0—100	12,2	»	0—1000	10,2
» , » ..	0—500	14,0	Porzellan, Berlin .	0—600	5,0
Glas, Thüringer ..	0—100	9,3—9,8	» , » .	0—1200	5,9
» , Jenaer 1565 III	0—100	3,45	» , Meißen .	0—600	3,9
Gold	0—100	14,3	» , » .	0—1200	4,7
Hartgummi	0	60—70	Pythagorasmasse .	0—600	4,7
»	30	80—90	»	0—1200	5,7
Holz, Eiche ...	0—35	4,9	Quarz, geschm...	0—500	5,4
» , » ⊥ ..	0—35	54,5	Quarzglas	0—1000	4,8
» . Fichte ..	0—35	5,4	Silber	0—100	19,7
» . » ⊥ ..	0—35	34,0	»	0—800	22,1
» . Tanne ..	0—35	3,7	Siliciumkarbid ..	0—900	4,7
» , » ⊥ ..	0—35	54,4	Sillimanit	0—900	4,8
Kobalt	0—100	12,5	Tonerde, geschm. .	0—900	7,1
Kohlenstoff, Diamant	50	1,32	Wachs	20	200—300
» , Graphit	20—100	1,9—2,9	Wolframdraht ...	0—100	4,4
			Zink	0—100	16,5
			Zinn	0—100	26,5

c) Linearer Ausdehnungskoeffizient der verschiedenen Modifikationen der Kieselsäure.
(Nach Travers und de Golonbinoff, Rev. de Métall. **1926**, 28.)

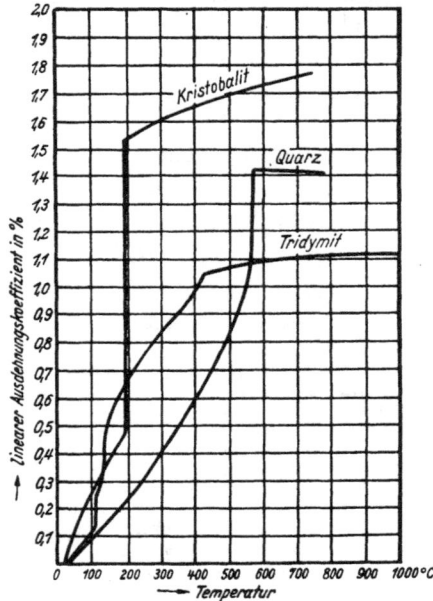

Abb. 3.

d) Mittlerer linearer Wärmeausdehnungskoeffizient feuerfester Steine zwischen 20 und 1000°.
(Nach Schulz und Kanz, Stahl u. Eisen **52**, 18, 1932.)

Steinmaterial	Grenzwerte	Steinmaterial	Grenzwerte
Schamottesteine, quarzfrei	$4,40 - 5,09 \cdot 10^{-6}$	Chromitsteine .	$7,27 - 9,08 \cdot 10^{-6}$
„ handelsübl.	$5,51 - 6,81 \cdot 10^{-6}$	Bauxitsteine . .	$5,19 - 6,51 \cdot 10^{-6}$
Quarzschamottesteine . . .	$4,99 - 6,29 \cdot 10^{-6}$	Korundsteine .	$5,58 - 7,03 \cdot 10^{-6}$
Silikasteine	$12,72 - 15,41 \cdot 10^{-6}$	Sillimanit . . .	$4,93 \cdot 10^{-6}$
Quarzschiefersteine. . . .	$18,29 - 18,65 \cdot 10^{-6}$	Zirkonsteine. .	$5,01 - 5,66 \cdot 10^{-6}$
Magnesitsteine	$13,74 - 14,53 \cdot 10^{-6}$	Karborundum-	
Magnesiamasse	$13,86 - 14,48 \cdot 10^{-6}$	steine . . .	$4,37 - 5,42 \cdot 10^{-6}$

e) Ausdehnungskoeffizient von Flüssigkeiten bei 20°.

Äthylalkohol. .	0,00110	Petroleum	0,00090 — 0,0010
Äthyläther. . .	0,00160	Quecksilber.	0,000181
Benzin	0,0012 — 0,0016	Schmieröl	0,00060 — 0,00070
Benzol	0,00125	Schwefelkohlenstoff . .	0,0012
Erdöl	0,00065 — 0,0012	Schwefelsäure (96%ig)	0,00055
Glyzerin . . .	0,00050	Steinkohlenteer	0,0005 — 0,0007
Methanol . . .	0,00115	Terpentinöl.	0,00100
Oktan.	0,00112	Tetrachlorkohlenstoff .	0,00123
Paraffinöl . . .	0,00076	Tetralin	0,00078
Pentan	0,00159	Wasser.	s. S. 18

12. Sättigungsdruck (Dampfdruck).

a) Begriff.

Der Sättigungsdruck eines Stoffes stellt den Druck dar, den der Dampf desselben im Sättigungszustand bei einer gegebenen Temperatur besitzt. Der Sättigungsdruck ist nur von der Temperatur, nicht dagegen von dem Drucke der Atmosphäre abhängig.

Mathematisch kann der Verlauf des Sättigungsdruckes über ein größeres Temperaturgebiet durch die Dampfdruckformel von van der Waals

$$\ln \frac{p}{p_k} = f\left(1 - \frac{T_k}{T}\right)$$

ausgedrückt werden, in der p_k und T_k den kritischen Druck bzw. die kritische Temperatur bedeuten. Häufig, vor allem in den Vereinigten Staaten, wird ferner der Sättigungsdruck auch durch die Formel von Rankine

$$\log p = A - \frac{B}{T} + C \cdot \log T$$

mathematisch dargestellt. In dieser bedeuten A, B und C empirische Konstanten.

Für die Sättigungsdrucke der beiden Bestandteile A und B eines Zweistoffgemisches gilt das Planksche Gesetz:

$$\frac{p}{P} = \frac{\frac{x}{M_1}}{\frac{x}{M_1} + \frac{y}{M_2}}.$$

Darin bedeuten:

p den Dampfdruck des Bestandteils A in der Lösung,
P den Dampfdruck des Bestandteils A in reinem Zustand bei gleicher Temperatur,
x die Menge des Bestandteils A in %,
y die Menge des Bestandteils B in % ($y = 100 - x$),
M_1 das Molekulargewicht des Bestandteils A,
M_2 das Molekulargewicht des Bestandteils B.

Voraussetzung für die Gültigkeit des Plankschen Gesetzes ist ein gegenseitige Löslichkeit der beiden Bestandteile in jedem Mischungsverhältnis. Ferner dürfen diese keine Molekularassoziation aufweisen.

b) Sättigungsdruck des Wasserdampfes in Torr.

(Nach Holborn, Scheel und Henning, Wärmetabellen, Braunschweig 1919.)

Grade	Zehntelgrade									
	,0	,1	,2	,3	,4	,5	,6	,7	,8	,9
	mm	mm	mm	mm	mm	mm	mm	mm	mm	mm
0	4,579	4,613	4,647	4,681	4,715	4,750	4,785	4,820	4,855	4,890
1	4,926	4,962	4,998	5,034	5,070	5,107	5,144	5,181	5,219	5,256
2	5,294	5,332	5,370	5,408	5,447	5,486	5,525	5,565	5,605	5,645
3	5,685	5,752	5,766	5,807	5,848	5,889	5,931	5,973	6,015	6,058
4	6,101	6,144	6,187	6,230	6,274	6,318	6,363	6,408	6,453	6,498
5	6,543	6,589	6,635	6,681	6,728	6,775	6,822	6,869	6,917	6,965
6	7,013	7,062	7,111	7,160	7,209	7,259	7,309	7,360	7,411	7,462
7	7,513	7,565	7,617	7,669	7,722	7,775	7,828	7,882	7,936	7,990
8	8,045	8,100	8,155	8,211	8,267	8,323	8,380	8,437	8,494	8,551
9	8,609	8,668	8,727	8,786	8,845	8,905	8,965	9,025	9,086	9,147
10	9,209	9,271	9,333	9,395	9,458	9,521	9,585	9,649	9,714	9,779
11	9,844	9,910	9,976	10,042	10,109	10,176	10,244	10,312	10,380	10,449
12	10,518	10,588	10,658	10,728	10,799	10,870	10,941	11,013	11,085	11,158
13	11,231	11,305	11,379	11,453	11,528	11,604	11,680	11,756	11,833	11,910
14	11,987	12,065	12,144	12,223	12,302	12,382	12,462	12,543	12,624	12,706
15	12,788	12,870	12,953	13,037	13,121	13,205	13,290	13,375	13,461	13,547
16	13,634	13,721	13,809	13,898	13,987	14,076	14,166	14,256	14,347	14,438
17	14,530	14,622	14,715	14,809	14,903	14,997	15,092	15,188	15,284	15,380
18	15,477	15,575	15,673	15,772	15,871	15,971	16,071	16,171	16,272	16,374
19	16,477	16,581	16,685	16,789	16,894	16,999	17,105	17,212	17,319	17,427
20	17,535	17,644	17,753	17,863	17,974	18,085	18,197	18,309	18,422	18,536
21	18,650	18,765	18,880	18,996	19,113	19,231	19,349	19,468	19,587	19,707
22	19,827	19,948	20,070	20,193	20,316	20,440	20,565	20,690	20,815	20,941
23	21,068	21,196	21,324	21,453	21,583	21,714	21,845	21,977	22,110	22,243
24	22,377	22,512	22,648	22,785	22,922	23,060	23,198	23,337	23,476	23,616
25	23,756	23,897	24,039	24,182	24,326	24,471	24,617	24,764	24,912	25,060
26	25,209	25,359	25,509	25,660	25,812	25,964	26,117	26,271	26,426	26,582
27	26,739	26,897	27,055	27,214	27,374	27,535	27,696	27,858	28,021	28,185
28	28,349	28,514	28,680	28,847	29,015	29,184	29,354	29,525	29,697	29,870
29	30,043	30,217	30,392	30,568	30,745	30,923	31,102	31,281	31,461	31,462
30	31,824	32,007	32,191	32,376	32,561	32,747	32,934	33,122	33,312	33,503
31	33,695	33,888	34,082	34,276	34,471	34,667	34,864	35,062	35,261	35,462
32	35,663	35,865	36,068	36,272	36,477	36,683	36,891	37,099	37,308	37,518
33	37,729	37,942	38,155	38,369	38,584	38,801	39,018	39,237	39,457	39,677
34	39,898	40,121	40,344	40,569	40,796	41,023	41,251	41,480	41,710	41,942

Grade	Zehntelgrade									
	,0	,1	,2	,3	,4	,5	,6	,7	,8	,9
	mm	mm	mm	mm	mm	mm	mm	mm	mm	mm
35	42,175	42,409	42,644	42,880	43,117	43,355	43,595	43,836	44,078	44,320
36	44,563	44,808	45,054	45,301	45,549	45,799	46,050	46,302	46,556	46,811
37	47,067	47,324	47,582	47,841	48,102	48,364	48,627	48,891	49,157	49,424
38	49,692	49,961	50,231	50,202	50,774	51,048	51,323	51,600	51,879	52,160
39	52,442	52,725	53,009	53,294	53,580	53,867	54,156	54,446	54,737	55,030
40	55,324	55,61	55,91	56,21	56,51	56,81	57,11	57,41	57,72	58,03
41	58,34	58,65	58,96	59,27	59,58	59,90	60,22	60,54	60,86	61,18
42	61,50	61,82	62,14	62,47	62,80	63,13	63,46	63,79	64,12	64,46
43	64,80	65,14	65,48	65,82	66,16	66,51	66,86	67,21	67,56	67,91
44	68,26	68,61	68,97	69,33	69,69	70,05	70,41	70,77	71,14	71,51
45	71,88	72,25	72,62	72,99	73,36	73,74	74,12	74,50	74,88	75,26
46	75,65	76,04	76,43	76,82	77,21	77,60	78,00	78,40	78,80	79,20
47	79,60	80,00	80,41	80,82	81,23	81,64	82,05	82,46	82,87	83,29
48	83,71	84,13	84,56	84,99	85,42	85,85	86,28	86,71	87,14	87,58
49	88,02	88,46	88,90	89,34	89,79	90,24	90,69	91,14	91,59	92,05
50	92,51	92,97	93,43	93,89	94,36	94,82	95,29	95,77	96,24	96,72
51	97,20	97,68	98,16	98,64	99,13	99,62	100,11	100,60	101,10	101,59
52	102,09	102,59	103,10	103,60	104,11	104,62	105,13	105,64	106,16	106,68
53	107,20	107,72	108,24	108,76	109,29	109,82	110,35	110,89	111,43	111,97
54	112,51	113,05	113,59	114,14	114,69	115,24	115,80	116,36	116,92	117,48
55	118,04	118,60	119,16	119,73	120,31	120,89	121,47	122,05	122,63	123,21
56	123,80	124,40	124,99	125,58	126,18	126,78	127,38	127,99	128,60	129,21
57	129,82	130,44	131,06	131,68	132,30	132,92	133,55	134,18	134,81	135,45
58	136,08	136,72	137,36	138,01	138,66	139,31	139,96	140,62	141,28	141,94
59	142,60	143,27	143,94	144,61	145,28	145,96	146,64	147,32	148,00	148,69
60	149,38	150,07	150,77	151,47	152,17	152,87	153,58	154,29	155,00	155,71
61	156,43	157,15	157,87	158,59	159,32	160,06	160,80	161,58	162,28	163,02
62	163,77	164,52	165,27	166,02	166,78	167,54	168,30	169,07	169,84	170,61
63	171,38	172,16	172,94	173,73	174,52	175,31	176,10	176,90	177,70	178,50
64	179,31	180,11	180,92	181,74	182,56	183,38	184,20	185,03	185,86	186,70
65	187,54	188,38	189,22	190,06	190,91	191,77	192,63	193,49	194,35	195,42
66	196,09	196,96	197,84	198,72	199,60	200,48	201,37	202,26	203,16	204,06
67	204,96	205,87	206,78	207,69	208,61	209,53	210,45	211,37	212,30	213,23
68	214,17	215,11	216,06	217,01	217,96	218,91	219,87	220,83	221,79	222,76
69	223,73	224,71	225,69	226,67	227,66	228,65	229,65	230,65	231,65	232,65
70	233,7	234,7	235,7	236,7	237,8	238,8	239,8	240,9	241,9	242,9
71	243,9	245,0	246,0	247,1	248,1	249,2	250,3	251,4	252,4	253,5
72	254,6	255,7	256,8	257,9	259,0	260,1	261,2	262,3	263,5	264,6
73	265,7	266,8	268,0	269,1	270,3	271,4	272,6	273,7	274,9	276,0
74	277,2	278,4	279,5	280,7	281,9	283,1	284,3	285,5	286,7	287,9

Grade	Zehntelgrade									
	,0	,1	,2	,3	,4	,5	,6	,7	,8	,9
	mm	mm	mm	mm	mm	mm	mm	mm	mm	mm
75	289,1	290,3	291,5	292,8	294,0	295,2	296,5	297,7	298,9	300,2
76	301,4	302,7	303,9	305,2	306,5	307,7	309,0	310,3	311,6	312,9
77	314,1	315,4	316,7	318,0	319,3	320,7	322,0	323,3	324,7	326,0
78	327,3	328,7	330,0	331,4	332,7	334,1	335,5	336,8	338,2	339,6
79	341,0	342,4	343,8	345,2	346,6	348,0	349,4	350,8	352,2	353,7
80	355,1	356,5	358,0	359,4	360,9	362,4	363,8	365,3	366,8	368,3
81	369,7	371,2	372,7	374,2	376,7	377,3	379,8	380,3	381,8	383,4
82	384,9	386,4	388,0	389,5	391,1	392,7	394,2	395,8	397,4	399,0
83	400,6	402,2	403,8	405,4	407,0	408,6	410,3	411,9	413,5	415,2
84	416,8	418,4	420,1	421,7	423,4	425,1	426,8	228,5	430,2	431,9
85	433,6	435,3	437,0	438,7	440,5	442,2	443,9	445,7	447,4	439,2
86	450,9	452,6	454,4	456,2	458,0	459,7	461,5	463,3	465,1	466,9
87	468,7	470,5	472,3	474,1	476,0	477,8	479,7	481,5	483,4	485,2
88	487,1	489,0	490,9	492,7	494,6	496,5	498,4	500,3	502,3	504,2
89	506,1	508,0	510,0	511,9	513,9	515,9	517,8	519,8	521,8	522,8
90	525,76	527,76	529,77	531,78	533,80	535,82	537,86	539,90	541,95	544,00
91	546,05	548,11	550,18	552,26	554,35	556,44	558,53	560,64	562,75	564,87
92	566,99	569,12	571,26	573,40	575,55	577,71	579,87	582,04	584,22	586,41
93	588,60	590,80	593,00	595,21	597,43	599,66	601,89	604,13	606,38	608,64
94	610,90	613,17	615,44	617,72	620,01	622,31	624,61	626,92	629,24	631,57
95	633,90	636,24	638,59	640,94	643,30	645,67	648,05	650,43	652,82	655,22
96	657,62	660,03	662,45	664,88	667,31	669,75	672,20	674,66	677,12	679,59
97	682,07	684,55	687,04	689,54	692,05	694,57	697,10	699,63	702,17	704,71
98	707,27	709,83	712,40	714,98	717,56	720,15	722,75	725,63	727,98	730,61
99	733,24	735,88	738,53	741,18	743,85	746,52	749,20	751,89	754,58	757,29
100	760,00	762,72	765,45	768,19	770,93	773,68	776,44	779,22	782,00	784,78
101	787,57	790,37	793,18	796,00	798,82	801,66	804,50	807,35	810,21	813,08

b) Volumen und maximaler Wasserdampfgehalt von Gasen bei verschiedenen Temperaturen[1].

Temperaturen °C	Volumen von trockenem Gas	Teilspannung des Wasserdampfes in gesättigtem Gase kg/m²	Teilspannung des Gases kg/m²	Aus 1 m³ von 0° durch Sättigung entstandenes Volumen	Gramm Wasserdampf in 1 m³ gesättigten Gases	Gramm Wasserdampf in dem aus 1 m³ von 0° durch Sättigung entstandenen Volumen	Wärmeinhalt von trockenem Gas, entstanden aus 1 m³ von 0°	Wärmeinhalt des Wasserdampfes in dem aus 1 m³ von 0° durch Sättigung entstandenen Volumen	Gesamtwärmeinhalt von gesättigtem Gas, entstanden aus 1 m³ von 0°
0°	1,000	62	10271	1,006	4,9	4,93	0,0	2,93	2,93
1°	1,004	67	10266	1,010	5,1	5,15	0,36	3,06	3,42
2°	1,007	72	10261	1,014	5,6	5,68	0,72	3,38	4,10
3°	1,011	77	10256	1,018	6,0	6,11	1,08	3,64	4,72
4°	1,015	83	10250	1,023	6,4	6,55	1,44	3,91	5,35
5°	1,018	89	10244	1,027	6,8	6,98	1,80	4,17	5,97
6°	1,022	95	10238	1,031	7,3	7,52	2,16	4,49	6,65
7°	1,026	102	10231	1,036	7,8	8,08	2,52	4,83	7,35
8°	1,029	109	10224	1,041	8,3	8,64	2,88	5,17	8,05
9°	1,033	117	10216	1,045	8,9	9,30	3,24	5,57	8,81
10°	1,037	125	10208	1,049	9,4	9,86	3,60	5,91	9,51
11°	1,040	134	10199	1,054	10,1	10,65	3,96	6,39	10,35
12°	1,044	143	10190	1,058	10,7	11,32	4,32	6,80	11,12
13°	1,048	153	10180	1,063	11,4	12,12	4,68	7,29	11,97
14°	1,051	163	10170	1,068	12,1	12,92	5,04	7,77	12,81
15°	1,055	174	10159	1,073	12,9	13,84	5,40	8,33	13,73
16°	1,058	185	10148	1,078	13,7	14,77	5,76	8,90	14,66
17°	1,062	197	10136	1,083	14,5	15,70	6,12	9,47	15,59
18°	1,066	210	10123	1,088	15,4	16,76	6,48	10,11	16,59
19°	1,070	224	10109	1,093	16,4	17,93	6,84	10 83	17,67
20°	1,073	238	10095	1,098	17,4	19,10	7,20	11,54	18,74
21°	1,077	253	10080	1,103	18,4	20,30	7,56	12,27	19,83
22°	1,081	269	10064	1,109	19,5	21,63	7,92	13,09	21,01
23°	1,084	286	10047	1,115	20,6	22,97	8,28	13,92	22,20
24°	1,088	304	10029	1,120	21,8	24,42	8,64	14,81	23,45
25°	1,091	322	10011	1,126	23,1	26,00	9,00	15,77	24,77
26°	1,095	342	9991	1,133	24,4	27,65	9,36	16,78	26,14
27°	1,099	363	9970	1,139	25,8	29,30	9,72	17,80	27,52
28°	1,102	384	9949	1,145	27,3	31,26	10,08	19,01	29,09
29°	1,106	407	9926	1,151	28,8	33,15	10,44	20,17	30,61
30°	1,110	431	9902	1,158	30,4	35,20	10,80	21,44	32,24
31°	1,113	456	9877	1,165	32,1	37,40	11,16	22,80	33,96
32°	1,117	483	9850	1,172	33,9	39,73	11,52	24,24	35,76
33°	1,121	511	9822	1,179	35,7	42,10	11,88	25,70	37,58

[1] Winter, Taschenbuch für Gaswerke **3**, 572 (1928).

Temperaturen °C	Volumen von trockenem Gas	Teilspannung des Wasserdampfes in gesättigtem Gase kg/m²	Teilspannung des Gases kg/m²	Aus 1 m³ von 0° durch Sättigung entstandenes Volumen	Gramm Wasserdampf in 1 m³ gesättigten Gases	Gramm Wasserdampf in dem aus 1 m³ von 0° durch Sättigung entstandenen Volumen	Wärmeinhalt von trockenem Gas, entstanden aus 1 m³ von 0°	Wärmeinhalt des Wasserdampfes in dem aus 1 m³ von 0° durch Sättigung entstandenen Volumen	Gesamtwärmeinhalt von gesättigtem Gas, entstanden aus 1 m³ von 0°
34°	1,125	541	9792	1,187	37,7	44,75	12,24	27,35	39,59
35°	1,128	572	9761	1,195	39,7	47,45	12,60	29,02	41,62
36°	1,132	604	9729	1,203	41,8	50,28	12,96	30,78	43,74
37°	1,135	638	9695	1,211	44,8	53,27	13,32	32,63	45,95
38°	1,139	673	9660	1,219	46,3	56,43	13,68	34,60	48,28
39°	1,143	711	9622	1,227	48,7	59,74	14,04	36,66	50,70
40°	1,146	750	9583	1,236	51,2	63,27	14,40	38,85	53,25
41°	1,150	791	9542	1,246	53,8	67,02	14,76	41,17	55,93
42°	1,154	834	9499	1,256	56,5	70,95	15,12	43,62	58,74
43°	1,157	878	9455	1,265	59,4	75,13	15,48	46,24	61,72
44°	1,161	925	9408	1,275	62,4	79,60	15,84	49,01	64,85
45°	1,165	974	9359	1,286	65,4	84,10	16,20	51,82	68,02
46°	1,168	1026	9307	1,297	68,7	89,12	16,56	54,94	71,50
47°	1,172	1079	9254	1,309	72,0	94,27	16,92	58,16	75,08
48°	1,176	1135	9198	1,322	75,5	99,80	17,28	61,64	78,92
49°	1,180	1194	9139	1,335	79,2	105,7	17,64	65,32	82,96
50°	1,183	1255	9078	1,348	83,0	111,8	18,00	69,14	87,14
51°	1,187	1318	9015	1,361	87,0	118,4	18,36	73,30	91,66
52°	1,190	1385	8948	1,375	91,0	125,2	18,72	77,54	96,26
53°	1,194	1455	8878	1,390	95,3	132,5	19,08	82,12	101,20
54°	1,198	1527	8806	1,406	99,7	140,1	19,44	86,86	106,30
55°	1,201	1602	8731	1 423	104,3	148,4	19,80	92,09	111,89
56°	1,205	1681	8652	1,440	109,1	157,1	20,16	97,53	117,69
57°	1,209	1762	8571	1,458	114,1	166,4	20,52	103,4	123,92
58°	1,212	1848	8485	1,477	119,2	176,2	20,88	109,5	130,38
59°	1,216	1936	8397	1,497	124,6	186,5	21,24	116,0	137,24
60°	1,220	2028	8305	1,518	130.1	197 5	21,60	122,9	144,50
61°	1,224	2124	8207	1,540	135,9	209,3	21,96	130,3	152,26
62°	1,227	2224	8109	1,563	141,9	221,8	22,32	138,3	160,32
63°	1,231	2328	8005	1,588	148,1	235,2	22,68	146,7	169,38
64°	1,235	2435	7898	1,615	154,5	249,5	23,04	155,7	178,74
65°	1,238	2547	7786	1,644	161,1	264,9	23,40	165,5	188,90
66°	1,242	2664	7669	1,674	168,1	281,8	23,76	176,1	200,86
67°	1,245	2785	7548	1,705	175,1	298,6	24,12	186,8	210,92
68°	1,249	2910	7423	1,740	182,5	317,6	24,48	198,8	223,28
69°	1,253	3040	7293	1,776	190,1	337,6	24,84	211,5	236,34
70°	1,256	3175	7158	1,814	198,0	359,0	25,20	225,1	250,30

Temperaturen °C	Volumen von trockenem Gas	Teilspannung des Wasserdampfes in gesättigtem Gase kg/m²	Teilspannung des Gases kg/m²	Aus 1 m³ von 0° durch Sättigung entstandenes Volumen	Gramm Wasserdampf in 1 m³ gesättigten Gases	Gramm Wasserdampf in dem aus 1 m³ von 0° durch Sättigung entstandenen Volumen	Wärmeinhalt von trockenem Gas, entstanden aus 1 m³ von 0°	Wärmeinhalt des Wasserdampfes in dem aus 1 m³ von 0° durch Sättigung entstandenen Volumen	Gesamtwärmeinhalt von gesättigtem Gas, entstanden aus 1 m³ von 0°
71°	1,260	3315	7018	1,856	206,2	382,7	25,56	240,1	265,66
72°	1,264	3460	6873	1,901	214,7	408,2	25,92	256,2	282,12
73°	1,267	3611	6722	1,948	223,3	435,0	26,28	273,3	299,58
74°	1,271	3768	6565	2,001	232,5	465,1	26,64	292,4	319,04
75°	1,275	3929	6404	2,058	241,9	498,0	27,00	313,3	340,30
76°	1,278	4097	6236	2,118	251,4	532,7	27,36	335,4	362,76
77°	1,282	4269	6064	2,186	261,4	571,3	27,72	359,9	287,62
78°	1,286	4449	5884	2,259	271,8	614,0	28,08	387,2	415,28
79°	1,290	4635	5698	2,340	282,4	661,0	28,44	417,0	445,44
80°	1,293	4828	5505	2,429	293,3	712,5	28,80	449,7	478,50
81°	1,297	5027	5306	2,527	304,6	769,9	29,16	486,4	515,56
82°	1,300	5233	5100	2,634	316,2	832,8	29,52	526,5	556,02
83°	1,304	5445	4888	2,758	328,4	905,6	29,88	572,8	602,68
84°	1,308	5666	4667	2,898	340,8	987,2	30,24	624,8	655,04
85°	1,311	5894	4439	3,053	353,7	1079	30,60	683,9	714,50
86°	1,315	6129	4204	3,243	366,8	1186	30,96	751,9	782,86
87°	1,319	6371	3962	3,441	380,4	1308	31,32	830,0	861,32
88°	1,322	6623	3710	3,684	394,4	1453	31,68	922,4	954,08
89°	1,326	6881	3452	3,970	408,7	1623	32,04	1031	1063,0
90°	1,330	7149	3184	4,317	423,6	1828	32,40	1162	1194,4
91°	1,333	7425	2908	4,739	438,9	2079	32,76	1322	1354,8
92°	1,337	7710	2623	5,270	454,7	2396	33,12	1525	1558,1
93°	1,340	8004	2329	5,948	470,9	2801	33,48	1783	1816,5
94°	1,344	8307	2026	6,860	487,7	3345	33,84	2131	2164,8
95°	1,348	8620	1713	8,132	505,1	4106	34,20	2618	2652,2
96°	1,352	8942	1391	10,050	522,6	5253	34,56	3352	3386,6
97°	1,355	9274	1059	13,270	540,6	7173	34,92	4580	4614,9
98°	1,359	9617	716	19,610	559,3	10970	35,28	7010	7045,3
99°	1,363	9970	363	38,830	578,7	22460	35,64	14360	14395,6
100°	1,366	10339	0		598,7		36,0		

b) Sättigungsdruck des Wasserdampfes
in mm Hg von — 19 bis 100° C[1]).

t °C	Ganze Grade									
	0	1	2	3	4	5	6	7	8	9
— 10	1,95	1,78	1,63	1,49	1,36	1,24	1,13	1,03	0,94	0,85
— 0	4,58	4,22	3,88	3,57	3,28	3,01	2,76	2,53	2,32	2,13
+ 0	4,58	4,93	5,29	5,69	6,10	6,54	7,01	7,51	8,05	8,61
10	9,21	9,84	10,52	11,23	11,99	12,79	13,63	14,53	15,48	16,48
20	17,54	18,65	19,83	21,07	22,38	23,76	25,21	26,74	28,35	30,04
30	31,82	33,70	35,66	37,73	39,90	42,18	44,56	47,07	49,69	52,44
40	55,32	58,34	61,50	64,80	68,26	71,88	75,65	79,60	83,71	88,02
50	92,51	97,20	102,1	107,2	112,5	118,0	123,8	129,8	136,1	142,6
60	149,4	156,4	163,8	171,4	179,3	187,5	196,1	205,0	214,2	223,7
70	233,7	243,9	254,6	265,7	277,2	289,1	301,4	314,1	327,3	341,0
80	355,1	369,7	384,9	400,6	416,8	433,6	450,9	468,7	487,1	506,1
90	525,8	546,1	567,0	588,6	610,9	633,9	657,6	682,1	707,3	733,2
100	760,0	787,6	815,9	845,1	875,1	906,1	937,9	970,6	1004,4	1038,9

[1]) Die Werte von — 0 bis — 19° beziehen sich auf Eis als Bodenkörper.

c) Eigenschaften des Wassers und Wasserdampfes
im Sättigungszustand[1]).

Temp. °C	Druck kg/cm²	Spezifisches Volumen		Wärmeinhalt	
		Flüssigkeit cm³/g	Dampf cm³/g	Flüssigkeit ITcal/g	Dampf ITcal/g
0	0,006228	1,00021	206310	0	597,3
10	0,012513	1,00035	106410	10,04	601,6
20	0,023829	1,00184	57824	20,03	605,9
30	0,043254	1,00442	32922	30,00	610,2
40	0,075204	1,00789	19543	39,98	614,5
50	0,12578	1,0121	12045	49,95	618,9
60	0,20312	1,0171	7678,3	59,94	623,1
70	0,31775	1,0228	5046,3	69,93	627,3
80	0,48292	1,0290	3409,2	79,95	631,4
90	0,71491	1,0359	2361,5	89,98	635,3
100	1,03323	1,0435	1673,2	100,04	639,1
110	1,4609	1,0515	1210,1	110,12	642,7
120	2,0245	1,0603	891,65	120,25	646,2
130	2,7544	1,0697	668,21	130,42	649,6
140	3,6848	1,0798	508,53	140,64	652,7
150	4,8535	1,0906	392,46	150,92	655,7
160	6,3023	1,1021	306,76	161,26	658,5
170	8,0764	1,1144	242,55	171,68	661,0
180	10,225	1,1275	193,80	182,18	663,3
190	12,800	1,1415	156,32	192,78	665,2
200	15,857	1,1565	127,18	203,49	666,8

[1]) Nach den Beschlüssen der 3. Internationalen Dampftafel-Konferenz Washington 1935.

Temp. °C	Druck kg/cm²	Spezifisches Volumen		Wärmeinhalt	
		Flüssigkeit cm³/g	Dampf cm³/g	Flüssigkeit ITcal/g	Dampf ITcal/g
210	19,456	1,1726	104,24	214,32	668,0
220	23,659	1,1900	86,070	225,29	669,0
230	28,531	1,2087	71,483	236,41	669,4
240	34,140	1,2291	59,684	247,72	669,4
250	40,560	1,2512	50,061	259,23	668,9
260	47,866	1,2755	42,149	270,97	667,8
270	56,137	1,3023	35,593	282,98	666,0
280	65,457	1,3321	30,122	295,30	663,6
290	75,917	1,3655	25,522	307,99	660,4
300	87,611	1,4036	21,625	320,98	656,1
310	100,64	1,4475	18,300	334,63	650,8
320	115,12	1,4992	15,438	349,00	644,2
330	131,18	1,5619	12,952	364,23	636,0
340	148,96	1,6408	10,764	380,69	625,6
350	168,63	1,7468	8,802	398,9	611,9
360	190,42	1,9066	6,963	420,8	592,9
370	214,68	2,231	4,997	452,3	559,3
371	217,26	2,297	4,761	457,2	553,8
372	219,88	2,381	4,498	462,9	547,1
373	222,53	2,502	4,182	471,0	538,9
374	225,22	2,79	3,648	488,0	523,3

g) Sättigungsdruck des Wasserdampfes über verdünnter Schwefelsäure (in Torr).

H_2SO_4 %	Temperatur °C			
	0	20	25	30
0	4,58	17,54	23,76	31,82
10	4,40	17,01	22,81	30,87
20	4,03	15,26	20,91	28,00
30	3,39	13,16	17,82	23,55
40	2,56	9,65	15,92	18.46
50	1,51	5,96	8,55	12,09
60	0,64	2,81	4,04	5,73
70	0,092	0,70	0,95	1,59

h) Sättigungsdruck des Wasserdampfes (Torr) über Kochsalzlösungen (Konzentration in g, wasserfreie Substanz/100 g Lösung).

Konzentration %	Natriumchlorid		
	0°	20°	30°
0	4,58	17,54	31,82
5	4,40	17,01	30,55
10	4,31	15,79	29,59
15	4,12	15,61	28,32
20	3,85	14,56	26,41
25	3,48	13,33	24,50

d) Spezifisches Volumen des Wassers und des überhitzten Dampfes in cm³/g[1]).

Druck kg/cm²	0°	50°	100°	150°	200°	250°	300°	350°	400°	450°	500°	550°
1	1,00016	1,01210	1730	1975	2216	2454	2691	2928	3164	3400	3636	3872
5	0,9999	1,0119	1,0432	1,0906	433,8	484,1	533,2	581,6	629,6	677,4	725,0	772,5
10	0,9997	1,0117	1,0431	1,0902	210,4	237,6	263,3	288,2	312,7	337,0	361,1	385,1
25	0,9989	1,0110	1,0422	1,0893	1,1556	89,0	101,1	112,1	122,6	132,7	142,7	152,6
50	0,9977	1,0099	1,0409	1,0877	1,1532	1,2495	46,41	53,12	59,05	64,60	69,92	75,10
75	0,9965	1,0088	1,0397	1,0861	1,1508	1,2452	27,48	33,22	37,78	41,83	45,62	49,25
100	0,9952	1,0077	1,0385	1,0845	1,1485	1,2410	1,3979	23,03	27,05	30,41	33,45	36,32
125	0,9940	1,0067	1,0372	1,0829	1,1462	1,2369	1,3877	16,66	20,53	23,52	26,14	28,55
150	0,9929	1,0056	1,0360	1,0814	1,1439	1,2330	1,3782	11,98	16,10	18,90	21,25	23,36
200	0,9905	1,0035	1,0337	1,0784	1,1395	1,2255	1,3612	1,671	10,31	13,05	15,11	16,87
250	0,9882	1,0015	1,0314	1,0755	1,1353	1,2184	1,3462	1,604	6,366	9,46	11,39	12,96
300	0,9859	0,9995	1,0291	1,0726	1,1312	1,2117	1,3327	1,557	3,02	6,98	8,90	10,35
350	0,9837	0,9975	1,0269	1,0698	1,1272	1,2054	1,3207	1,521				
400	0,9814	0,9956	1,0247	1,0670	1,1234	1,1994	1,3097					

Wasser ← → Überhitzter Dampf

Temperatur in °C

Das spezifische Volumen des Wassers bei 4° und dem Druck von 1 at beträgt 1,000027 cm³/g.

[1]) Nach den Beschlüssen der 3. Internationalen Dampftafel-Konferenz Washington 1935.

f) Wärmeinhalt des Wassers und des überhitzten Dampfes in IT cal/g¹).

Druck kg/cm²	Temperatur in °C											
	0°	50°	100°	150°	200°	250°	300°	350°	400°	450°	500°	550°
1	0,023	49,97	639,2	663,2	686,5	710,1	734,0	758,0	782,4	807,2	832,3	857,8
5	0,120	50,05	100,11	150,92	681,9	706,7	731,5	756,1	780,8	805,9	831,3	856,9
10	0,240	50,15	100,20	151,00	675,1	702,1	728,0	753,5	778,9	804,5	830,1	855,9
25	0,599	50,45	100,46	151,21	203,6	687,8	718,0	746,3	773,3	800,0	826,5	852,6
50	1,20	50,95	100,90	151,58	203,8	259,2	698,4	732,9	763,1	791,6	819,9	847,3
75	1,79	51,46	101,34	151,95	204,1	259,2	672,6	717,6	752,1	783,2	813,1	841,8
100	2,39	51,96	101,78	152,32	204,3	259,2	320,5	699,5	740,0	774,5	806,0	836,1
125	2,98	52,46	102,22	152,69	204,6	259,3	319,9	676,7	726,9	765,2	799,1	830,3
150	3,57	52,96	102,65	153,06	204,8	259,3	319,3	646,8	712,1	755,3	791,8	824,4
200	4,74	53,96	103,57	153,82	205,2	259,4	318,4	393,1	676,5	733,4	776,0	812,0
250	5,90	54,96	104,46	154,57	205,8	259,5	317,6	387,6	622,5	707,5	758,8	798,9
300	7,05	55,96	105,35	155,33	206,2	259,7	317,0	384,0	524,5	677,5	739,7	—

← Wasser   Überhitzter Dampf →

¹) Nach den Beschlüssen der 3. Internationalen Dampftafel-Konferenz Washington 1935.

e) Dampfspeicherung[1]).

Gewinnbare Dampfmenge in kg je m³ Heißwasser für verschiedene Anfangs- und Enddampfdrucke.

Enddampfdruck at	Anfangsdampfdruck at																												
	2,0	2,5	3,0	3,5	4,0	4,5	5,0	5,5	6,0	6,5	7,0	7,5	8,0	8,5	9,0	9,5	10,0	10,5	11,0	11,5	12,0	12,5	13,0	13,5	14,0	14,5	15,0	16,0	17,0
1,5	15,5	28	40	49	57,5	65	71,6	77	82,5	87,5	92	97	100,5	104,5	108,5	112	115,5	119	122,5	125	128	130,5	133	135,5	138	140	142,5	147	151
2,0	—	13,5	25	34	43	50	56,5	62,5	68	74	78	82,5	87	92	95	98,8	102	105,5	109	112	115	118	120,4	123	125,2	127,8	130	134	138
2,5		—	12	22	30	38	44,5	50	56,5	62	67,5	71,5	75,5	80	84	87,5	91	94,3	98	101	104	107	109,5	112,3	115	117,5	119,5	124	128
3,0			—	10,5	19	26,5	33,5	39,5	45	50,6	55,6	60,5	65,2	69,5	72,5	75,5	80	84,5	87,7	91,2	94,2	97,5	100,2	103	105,8	108,2	110,6	115	119
3,5				—	9,5	17	23,6	30	35,5	41	46,0	51	55,7	60	64,5	68,5	72,5	76	79,2	82,5	85,5	88,5	91,2	94	96,6	99	101,6	106,5	111
4,0					—	7,8	15	21,5	27,5	33	38	43	48	52	56,6	60,5	64	67,5	71	74,4	77,5	81	83,9	86,8	89,2	92	94,3	98	103,5
4,5						—	7,5	13,8	20	25,5	31	36	40,6	45	49,2	53,5	57,2	61	64	67,5	71	74	76,8	79,8	82,5	85,2	87,7	92,6	97
5,0							—	7	12,5	18,5	24	28	33,5	38,2	42,5	46,7	50,5	54	57,8	61	64,2	68	71	74	77	79,2	80,7	86,7	91
5,5								—	6,2	12	17,7	22,7	27,5	32	36	40	44	47,5	51,3	54,9	58,5	61	64,2	67,6	71	73	75,7	80,7	85,5
6,0									—	6	11	16,6	21,5	26,5	30,6	34,5	38,5	42	45,6	49	52,5	56	58,5	61,6	67,6	68	70,5	75,5	80
6,5										—	5,8	11	16,2	21	26	30	33,5	37,2	40,9	44	47,5	51,5	53,9	56,9	62	62,5	65,5	70,5	75,2
7,0											—	5	10,5	15	19,5	23,5	27,3	31,2	34,9	38,4	41,7	45	48,2	51,5	56,9	57	59,6	65	69,9
7,5												—	5,2	10	15	19	23,2	27,1	30,7	34	37,5	41,7	43,9	46,6	51,5	52,4	55,0	60,3	65
8,0													—	5	10	14,5	18,5	22,6	26,5	30	33,2	37,5	39,5	42,5	46,6	48	50,8	56	61
8,5														—	5	9,5	13,5	17,8	21,6	25,5	28,8	33,2	35	39,5	42,5	43,6	46,2	51,8	56,5
9,0															—	4,8	8,5	12,5	17,8	21,6	23,8	28,8	30	35	38	39	41,6	47	52
9,5																—	4,5	8,5	13,5	16,8	19,8	23,8	26	30	33	35	37,7	43	48
10,0																	—	4,3	8,5	12	16	19,8	23	26	29	31	34	39,3	44
10,5																		—	4	7,7	12	15	18,3	22	25	27,5	30,5	35,6	40
11,0																			—	4	8	11,6	14,5	18	21,5	24	27	32	36
11,5																				—	4,5	7,7	10,8	14,5	18	20,5	23,4	28,7	33,5
12,0																					—	3,8	7	10,8	14,5	17	19,8	25,4	30,5
12,5																						—	3,5	7	10,8	13,5	16,4	22	27
13,0																							—	3,5	7	10	13	18,5	23,5
13,5																								—	3,5	6,5	9,7	15,2	20,5
14,0																									—	3	6,4	12	17,5
14,5																										—	3,2	9,3	14,8
15,0																											—	5,5	12,0
16,0																												—	5,5
17,0																													—

¹) Ruhrkohlenhandbuch 1932, S. 48.

i) Teildruck von Ammoniak über wässerigen Ammoniaklösungen (Torr).

Temp. °C	Ammoniakgehalt der Lösung in Gew.-%													
	2	3	4	5	6	7	8	10	12	14	16	18	20	22
0	7	8	10	12,5	15	18	21,5	29,5	38,5	48,5	59	71	86,5	106
5	8	10	12,5	16	19	23	27,5	37	47,5	60	75	91	110	140
10	10	12,5	16	20,5	25	30	35,5	48	62	77,5	97	118	142	176
15	12	15,5	21	26	32,5	39	45,5	61	81	100	124	150	183	218
20	15	20	20,5	33,5	41	49,5	58,5	78	103	128	156	188	229	270
25	19,5	26	34	42,5	51,5	64	75	99	131	161	195	234	283	—
30	24,5	33	42,5	53	67	81	95	124	162	200	246	295	356	—
40	31	40	65	83	103	124	146	193	244	302	368	455	—	—
50	46	70	95	122	151	181	215	284	360	440	550	—	—	—

k) Sättigungsdrucke verschiedener Stoffe (Torr).

Temp. °C	n-Pentan	n-Hexan	n-Oktan	Benzol	Toluol	o-Xylol	Tetralin	Motoren-benzol[1]
— 20	68,8	14,1	—	5,8	1,8	—	—	3,6
— 10	114,3	25,9	—	14,8	3,6	2,2	—	9,1
0	183,2	45,5	2,9	26,5	9,9	4,0	0,08	16,5
10	281,8	75,0	5,6	45,4	18,0	6,4	0,17	28,6
20	420,2	120,0	10,5	74,7	26,5	10,1	0,27	47,5
30	610,9	186,1	18,4	118,2	39,0	15,6	—	77,0
40	873	276,7	30,9	181,1	63,0	23,7	—	115,7
50	1193	400,6	49,4	269,0	97,0	35,5	—	—
60	1605	568,0	77,6	388,6	145,5	52,4	—	—
70	2119	787,0	117,9	547,4	210,0	76,2	—	—
80	2735	1062	174,8	753,6	292	108,9	—	—
90	—	1407	253,4	1016	405	153,5	—	—
100	—	1836	353,6	1344	563	213,1	26	—
110	—	2358	481,9	1748	752	—	40	—
120	—	2982	646,4	2238	—	393,9	59	—

[1] Mittelwerte.

Temp. °C	Methanol	Äthyl-alkohol	Äthyl-äther	Tetrachlor-kohlenstoff	Schwefel-kohlenstoff	Temp. °C	Schwefel	Queck-silber
— 20	6,3	3,3	63	9,9	47,3	0	—	0,00021
— 10	13,5	6,5	111,8	18,9	79,4	20	—	0,0013
0	26,8	12,2	184,9	33,1	127,9	40	—	0,0065
10	50,1	23,8	291,8	55,7	198,5	60	0,00026	0,027
20	88,7	44,0	442,4	89,6	298,0	80	0,00088	0,096
30	150,0	78,1	647,9	139,6	434,6	100	0,0075	0,28
40	243,5	133,4	921,2	210,9	617,5	120	0,030	0,80
50	381,7	219,8	1276,1	309,0	857,1	140	0,11	1,85
60	579,9	350,2	1728	439,0	1164,5	160	0,33	4,18
70	857,1	540,9	2294	613,8	1552	180	0,89	8,56
80	1238,5	811,8	2991	843,3	2032	200	2,12	17,22

l) Sättigungsdruck des Benzols und Benzolgehaltes des Gases.

Temp. °C	Dampf-druck Torr	Vol.-%	g/Nm³	Temp. °C	Dampf-druck Torr	Vol.-%	g/Nm³
— 20	5,8	0,76	26,6	15	59,2	7,79	271,4
— 15	10,2	1,34	46,8	20	74,7	9,83	342,5
— 10	14,8	1,95	67,9	30	118,2	15,55	541,9
— 5	20,2	2,66	92,6	40	181,1	23,83	830,3
0	26,5	3,49	121,5	50	269,0	35,40	1233
+ 5	34,2	4,50	156,8	60	388,6	51,13	1782
10	45,4	5,97	208,1				

m) Sättigungsdruck des Naphthalins und Naphthalingehaltes des Gases.

Temp. °C	Dampf-druck Torr	g.100 m³	Temp. °C	Dampf-druck Torr	g/100 m³	Temp. °C	Dampf-druck Torr	g.100 m³
0	0,006	4,51	30	0,133	90,10	80	7,4	4301,5
5	0,010	7,38	35	0,210	139,96	90	12,6	7122,2
10	0,021	15,23	40	0,320	209,88	100	18,5	10174
15	0,035	24,95	50	0,815	517,94	110	27,3	14624
20	0,054	37,83	60	1,83	1127,8	120	40,2	20386
25	0,082	56,48	70	3,95	2363,2	130	61,9	31514

Sättigungsdruck des Naphtalins von — 36 bis + 3° C.
(Nach M. R. Andrews, Journ. physic. Chem. **30**, 1497, 1927.)

$$\log p = 12,275 - \frac{4000}{T}$$

n) Dampfdruck verflüssigter Gase in at.

Temp. °C	Aze-tylen	Äthy-len	Äthan	Propan	n-Butan	i-Butan	Kohlen-dioxyd	Methyl-chlorid	Ammo-niak	Schwefel-dioxyd	Schwefel-wasser-stoff
— 30	11,0	18,7	10,5	1,85	245 mm	345 mm	14,1	0,76	1,13	0,36	—
— 25	12,5	21,0	12,2	2,2	300 »	415 »	16,1	0,95	1,45	0,55	4,93
— 20	14,7	24,1	14,0	2,6	370 »	520 »	18,8	1,16	1,83	0,61	5,84
— 15	17,2	27,5	16,0	3,05	440 »	640 »	22,2	1,42	2,28	0,76	6,84
— 10	20,0	31,3	18,2	3,6	540 »	1,03 at	25,7	1,72	2,82	1,00	8,00
— 5	23,1	35,5	20,7	4,2	635 »	1,25 »	34,4	2,08	3,45	1,25	9,30
0	26,3	40,2	23,4	4,8	755 »	1,5 »	39,2	2,49	4,19	1,51	10,8
5	30,0	45,0	25,7	5,6	1,18 at	1,8 »	44,4	2,96	5,00	1,90	12,5
10	33,7	50,2	28,8	6,4	1,42 »	2,1 »	50,2	3,51	6,02	2,35	14,3
15	38,1	—	32,3	7,3	1,80 »	2,5 »	56,5	4,12	7,12	2,78	16,5
20	43	—	36,2	8,3	2,15 »	2,9 »	63,4	4,83	8,40	3,30	18,6
25	48	—	40,6	9,3	2,62 »	3,3 »	70,7	5,62	9,80	3,80	21,1
30	54	—	45,3	10,4	3,25 »	3,8 »	—	6,50	11,44	4,60	23,7
40	—	—	—	12,8	4,20 »	4,9 »	—	8,75	15,29	6,20	29,7
50	—	—	—	15,6	5,45 »	6,4 »	—	11,20	19,98	8,30	36,6
60	—	—	—	18,9	6,85 »	8,2 »	—	14,30	25,8	11,09	44,4

o) Höchstzulässige Füllung von Stahlflaschen mit verdich-
teten und verflüssigten Gasen.
(Druckgasverordnung von Preußen vom 2. 12. 1935.)

Gasart	Fassungsraum l kg verfl. Gas	Gasart	Fassungsraum l kg verfl. Gas
Ammoniak (verfl.) . . .	1,86	Äthan	3,3
» (gelöst) . . .	1,25—1,30	Propan	2,35
Kohlendioxyd	1,34	Butan	2,05
Schwefeldioxyd	0,8	Äthylen	3,5
Schwefelwasserstoff . . .	1,45	Propylen	2,25
Chlorwasserstoff	1,50	Butadien	1,85
Chlor	0,8	Ölgas, Ruhrgasol	2,5
Methyl- und Äthylamin .	1,7	Chlormethyl, Chloräthyl .	1,25

p) Zulässiger Höchstdruck für verdichtete Gase
bei 15° C.

Azetylen (gelöst)	15 atü	Permanente Gase (Sauer-stoff, Stickstoff, Wasser-stoff, Edelgase, Preß-luft, Kohlenoxyd, Me-than, Wassergas, Stadt-gas)	
» (verdichtet) . .	1,5 »		
Ölgas	125 »		
Mischgas von Azetylen und Ölgas	10 »		200 atü

q) Notwendiger Prüfdruck von Behältern für verflüssigte
Gase.

Gasart	Prüfdruck	Gasart	Prüfdruck
Ammoniak (verfl.) . . .	30 at	Äthan	95 at
» (gelöst) < 40 %	4 »	Propan	25 »
» < 50 %	9 »	Butan	12 »
Kohlendioxyd	190 »	Äthylen	225 »
Schwefeldioxyd	12 »	Propylen	35 »
Schwefelwasserstoff . . .	45 »	Butadien	10 »
Chlorwasserstoff	100 »	Ölgas (Blaugas)	190 »
Chlor	22 »	Ruhrgasol	45 »
Methylamin	14 »	Chlormethyl	16 »
Äthylamin	10 »	Chloräthyl	10 »

Für permanente Gase beträgt der Prüfdruck bei gewöhnlichen
Stahlflaschen 225 at, bei Leichtstahlflaschen 300 at.

r) Nutzinhalt von Stahlflaschen für verdichtete und ver-flüssigte Gase.

Gas	Betriebs-druck at	Raum-inhalt l	Leer-gewicht kg	Gasinhalt entspannt m³	Flaschengewicht [1] kg/m³Gas bzw. [2] kg/kgGas	kg 1000 kcal
Wasserstoff	150	40	75	6	12,5 [1]	4,1
Stadtgas (alte Flasche)	150	40	75	6	12,5 [1]	3
» (Leichtflasche)	200	50	54	10	5,4 [1]	1,3
Methan	150	40	75	6	12,5 [1]	1,3
Azetylen (gelöst) . . .	15	40	78	5,5	14,2 [1]	1,0
Propan (Deurag) . .	25 (Probedruck)	52	30	22,1 kg	1,36 [2]	0,28
Propan (I.G.)	25 (Probedruck)	30	28	15 »	1,86 [2]	0,38
» »	75 (Probedruck)	75	50	30 »	1,67 [2]	0,35
Butan (Frankreich) .	—	—	12	13 »	0,93 [2]	0,13
Ruhrgasol	65 (Probedruck)	75	55	45 »	1,22 [2]	0,11

Maße von Leicht-Stahlflaschen für die Ausrüstung von Kraftwagen mit Antrieb durch Stadtgas, Klärgas und andere hochverdichtete Gase.
(Auszug aus DIN-Entwurf Kr. 3380.)

Rauminhalt l ≈	Außen-durchmesser mm	Länge [1] mm ≈	Wanddicke mm	Leergewicht kg ≈
53	229	1610	5,75	62
110	321	1720	8,0	136
150	368	1800	9,25	192
230	394	2400	10,0	281

[1] Die Flasche einschließlich Ventil ist etwa 100 mm länger.

Werkstoff: Flußstahl von 90 bis 105 kg/mm² Festigkeit, 77 kg/mm² Mindestdruckgrenze und 14 % Mindestbruchdehnung (δ_5).

s) Festgelegter Farbanstrich für Stahlflaschen.

Sauerstoff	blau	sonstige brennbare Gase	rot
Stickstoff	grün	sonstige nichtbrennbare Gase	grau
Azetylen	gelb		

Zur äußeren Kennzeichnung ihres Inhalts genügt bei einem grauen Grundanstrich auch ein ausreichend breiter Farbring in der vorgeschrie-benen Kennfarbe an einer gut sichtbaren Stelle des Behälters.

13. Spezifische Wärme.

a) Begriff.

Die spezifische Wärme eines Stoffes ist eine unbenannte Zahl, die angibt, wievielmal mehr Wärme dieser bei der Temperatur t zur Erwärmung um 1^0 C benötigt als die gleiche Gewichtsmenge Wasser bei 15^0 C. Die Angabe der spezifischen Wärme c erfolgt zumeist je Gewichts- oder Volumeneinheit (kcal/kg, ^{0}C, kcal/Nm³, ^{0}C) oder auch als molare spezifische Wärme C (kcal/kmol ^{0}C).

Spezifische Wärme bei konstantem Druck c_p und bei konstantem Volumen c_v. Wenn einem Stoff Wärme zugeführt wird, so wird im allgemeinen nicht die gesamte Wärmemenge dazu verwendet, um dessen Temperatur zu erhöhen, sondern ein Teil derselben wird zu seiner räumlichen Ausdehnung verbraucht, wobei gegen den äußeren Druck Arbeit geleistet wird. Nur bei Erwärmung unter konstantem Volumen fällt dieser Arbeitsverbrauch fort. Man muß daher zwischen der spezifischen Wärme bei konstantem Druck c_p und bei konstantem Volumen c_v unterscheiden, wobei stets $c_p > c_v$ ist. Bei festen und flüssigen Stoffen ist die Wärmeausdehnung so gering, daß zwischen c_p und c_v praktisch kein Unterschied besteht. Bei allen idealen und realen Gasen beträgt dagegen die Ausdehnung je Grad $1/_{273}$ des Volumens bei 0^0 (vgl. S. 81). Die äußere Ausdehnungsarbeit ergibt sich daher für 1 Mol je Grad zu $p \cdot v/273 = R$ und damit zu $C_p - C_v = R = 1{,}987$ kcal/Mol.

Nach der kinetischen Theorie der Materie ist die spezifische Wärme idealer Gase bei konstantem Volumen abhängig von der Zahl der Freiheitsgrade, wobei jeder derselben den Energiebetrag $\frac{1}{2} k T = \frac{1}{2} \frac{R}{N} T$ aufnimmt (R = Gaskonstante, T = absolute Temperatur und N = Molekülzahl im Mol). Bei einatomigen Gasen ist jedes Atom nach sämtlichen drei Koordinatenrichtungen frei beweglich. Da die molare spezifische Wärme bei konstantem Volumen C_v für jeden Freiheitsgrad somit $\frac{1}{2} R$ beträgt, folgt für einatomige Gase $C_v = \frac{3}{2} R$. Bei zweiatomigen Gasen kommen außer diesen drei Bewegungsmöglichkeiten noch zwei Rotationsbewegungen um die beiden Achsen, die senkrecht auf seiner Symmetrieachse stehen, hinzu, so daß zweiatomige Gase insgesamt fünf Freiheitsgrade aufweisen. Bei diesen gilt somit $C_v = \frac{5}{2} R$. Bei einem Gas mit mehr als zwei Atomen im Molekül ist dessen Lage im Raum neben den drei Schwerpunktskoordinaten eindeutig erst durch die drei Winkel entsprechend der Rotation um die drei Achsen bestimmt. Es weist also sechs Freiheitsgrade auf und somit gilt $C_v = \frac{6}{2} R$.

Verhältnis von C_p/C_v. Aus der kinetischen Theorie der Materie ergibt sich ferner, daß, wenn sämtliche dem Gasmolekül zugeführte Energie nur für die Wärmebewegung der Moleküle verbraucht wird, das Verhältnis C_p/C_v einen Höchstwert $5/3 = 1{,}667$ annimmt. Dies gilt mit großer Annäherung für einatomige Gase. Bei zweiatomigen idealen Gasen beträgt C_p/C_v 1,40, bei mehratomigen Gasen 1,34.

Die spezifischen Wärmen sind ferner abhängig von der Temperatur und dem Druck. Man hat daher zwischen der wahren spezifischen Wärme c bei einer gegebenen Temperatur und der mittleren spezifischen Wärme c_m, die das Mittel der spezifischen Wärmen zwischen einer bestimmten Temperatur und einer Bezugstemperatur (zumeist 0^0 C) darstellt, zu unterscheiden (vgl. die Zahlentafeln auf S. 66 und 68). In diesen Zahlentafeln[1]) sind die wahren und mittleren spezifischen Wärmen sämtlicher technisch wichtiger Gase je Nm^3 bei konstantem Druck für $p = 0$ at abs zusammengestellt. Die Unterschiede in den spezifischen Wärmen bei $p = 0$ at abs und $p = 1$ at abs sind bei den zweiatomigen Gasen so gering, daß sie vernachlässigt werden können. Bei den mehratomigen Gasen und Dämpfen, wie Methan, Kohlendioxyd und Wasserdampf liegen deren Teildrucke in den praktisch vorkommenden Fällen im allgemeinen näher bei 0 als bei 1 at abs, so daß auch bei diesen Gasen diese Zahlentafeln mit genügender Genauigkeit Anwendung finden können.

Für die Umrechnung der spezifischen Wärmen c_{p_0} vom Druck $p = 0$ at abs. auf den Druck von 760 Torr gilt nach Eucken[2]) die Beziehung

$$c_p = c_{p_0} - A \cdot T \int_0^p \left(\frac{\partial^2 V}{\partial T^2}\right)_p \cdot dp \quad \ldots \ldots \ldots (1)$$

Mit ausreichender Genauigkeit kann man jedoch auch die einfache Zustandsgleichung in der Form

$$p \cdot V = R \cdot T + B \cdot p \ldots \ldots \ldots (2a)$$

in der

$$B = b - \frac{a}{R \cdot T^x} \ldots \ldots \ldots (2b)$$

bedeutet, zugrunde legen. Man erhält daraus

$$c_p = c_{p_0} - T \frac{d^2 B}{d T^2} \cdot p \ldots \ldots \ldots (3)$$

Für die mittlere spezifische Wärme gilt entsprechend der Zuschlag

$$\Delta c_{p_m} = \frac{1}{t} \int_{273}^T \Delta c_p \cdot dT \ldots \ldots \ldots (4)$$

[1]) GWF **78**, 637 (1935).
[2]) »Grundriß der physikalischen Chemie«, Leipzig 1934, 4. Aufl., S. 99.

Der Einfluß eines mäßigen Druckes bei mittleren und hohen Temperaturen auf die Größe der spezifischen Wärme kann im allgemeinen vernachlässigt werden. Die Erhöhung derselben beträgt für den Übergang von 0 auf 1 at bei zweiatomigen Gasen nur etwa 0,1%, bei Kohlendioxyd 0,3%. Etwas höher ist sie bei Dämpfen und beziffert sich bei Wasserdampf für 270° beispielsweise auf ungefähr 2%.

Zuweilen ist es erwünscht, die Temperaturabhängigkeit der spezifischen Wärmen, vor allem der mittleren spezifischen Wärmen, wie beispielsweise für die Aufstellung von Näherungsformeln zur Berechnung der Grenztemperatur von Gasen in möglichst einfache Formeln zu fassen. Für Kohlendioxyd, Wasserdampf und Stickstoff gelten über einen größeren Temperaturbereich mit Abweichungen von nicht mehr als $\pm 0,7\%$ unter Zugrundelegung der in der nachfolgenden Zahlentafel angeführten Werte folgende Gleichungen:

a) Kohlendioxyd:

$$c_{p_{m\,CO_2}} = 0,487 + 0,000045\,t \qquad (1000\text{—}2200°) \;\ldots\; (5\,a)$$

$$c_{p_{m\,CO_2}} = 0,539 + 0,00002\,t \qquad (2000\text{—}3000°) \;\ldots\; (5\,b)$$

$$c_{p_{m\,CO_2}} = 0,639 - \frac{120}{t} \qquad (1200\text{—}2200°) \;\ldots\; (5\,c)$$

$$c_{p_{m\,CO_2}} = 0,649 - \frac{140}{t} \qquad (1600\text{—}3000°) \;\ldots\; (5\,d)$$

b) Wasserdampf:

$$c_{p_{m\,H_2O}} = 0,363 + 0,00005\,t \qquad (1200\text{—}2200°) \;\ldots\; (6\,a)$$

$$c_{p_{m\,H_2O}} = 0,382 + 0,00004\,t \qquad (1600\text{—}2800°) \;\ldots\; (6\,b)$$

$$c_{p_{m\,H_2O}} = 0,519 - \frac{120}{t} \qquad (1200\text{—}2000°) \;\ldots\; (6\,c)$$

$$c_{p_{m\,H_2O}} = 0,561 - \frac{200}{t} \qquad (1800\text{—}2800°) \;\ldots\; (6\,d)$$

c) Stickstoff:

$$c_{p_{m\,N_2}} = 0,313 + 0,00002\,t \qquad (1000\text{—}2400°) \;\ldots\; (7\,a)$$

$$c_{p_{m\,N_2}} = 0,334 + 0,00001\,t \qquad (1800\text{—}3000°) \;\ldots\; (7\,b)$$

$$c_{p_{m\,N_2}} = 0,373 - \frac{40}{t} \qquad (1000\text{—}2200°) \;\ldots\; (7\,c)$$

$$c_{p_{m\,N_2}} = 0,389 - \frac{70}{t} \qquad (1600\text{—}3000°) \;\ldots\; (7\,d)$$

b) Wahre spezifische Wärme c_p reiner Gase und Dämpfe
in kcal/m³, °C bei verschiedenen Temperaturen t (°C) und
konstantem Druck ($p = 0$ at abs)[1] nach Justi.

t	H_2	N_2	CO	O_2	H_2O	CO_2	Luft
0	0,310	0,310	0,310	0,312	0,354	0,382	0,311
20	0,310	0,310	0,310	0,313	0,356	0,394	0,311
100	0,310	0,311	0,312	0,318	0,361	0,432	0,312
200	0,310	0,314	0,316	0,328	0,371	0,467	0,317
300	0,311	0,319	0,322	0,338	0,382	0,502	0,323
400	0,311	0,325	0,330	0,348	0,394	0,525	0,330
500	0,312	0,333	0,338	0,356	0,407	0,546	0,338
600	0,314	0,339	0,345	0,362	0,420	0,563	0,344
700	0,317	0,346	0,351	0,368	0,433	0,577	0,350
800	0,321	0,352	0,356	0,372	0,446	0,589	0,356
900	0,324	0,357	0,361	0,376	0,459	0,598	0,362
1000	0,328	0,361	0,365	0,379	0,471	0,606	0,365
1100	0,332	0,365	0,369	0,381	0,482	0,613	0,368
1200	0,336	0,369	0,372	0,383	0,493	0,619	0,372
1300	0,340	0,372	0,375	0,385	0,503	0,624	0,375
1400	0,344	0,374	0,377	0,387	0,512	0,628	0,376
1500	0,348	0,376	0,379	0,388	0,520	0,632	0,378
1600	0,351	0,378	0,381	0,389	0,527	0,635	0,380
1700	0,354	0,380	0,383	0,390	0,533	0,637	0,382
1800	0,357	0,382	0,384	0,391	0,539	0,639	0,384
1900	0,359	0,383	0,385	0,392	0,545	0,641	0,385
2000	0,361	0,384	0,386	0,392	0,551	0,643	0,386
2100	0,364	0,385	0,387	0,393	0,556	0,645	0,387
2200	0,366	0,386	0,388	0,393	0,560	0,647	0,388
2300	0,368	0,387	0,389	0,393	0,564	0,648	0,389
2400	0,369	0,388	0,389	0,394	0,567	0,649	0,389
2500	0,371	0,388	0,390	0,394	0,570	0,650	0,389
2600	0,373	0,389	0,390	0,394	0,573	0,651	0,390
2700	0,374	0,390	0,391	0,395	0,576	0,652	0,391
2800	0,376	0,390	0,391	0,395	0,578	0,653	0,391
2900	0,377	0,391	0,392	0,395	0,580	0,654	0,391
3000	0,378	0,392	0,392	0,395	0,582	0,654	0,392

t	CH_4	C_2H_4	C_2H_2	C_6H_6 (Dampf)	NH_3	H_2S	SO_2
0	0,369	0,451	0,456	0,928	0,379	0,366	0,425
20	0,378	0,473	0,473	0,973	0,384	0,369	0,433
100	0,420	0,558	0,530	1,16	0,411	0,380	0,465
200	0,479	0,663	0,585	1,39	0,452	0,397	0,500
300	0,544	0,752	0,618	1,61	0,496	0,413	0,527
400	0,599	0,828	0,648	1,84	0,542	0,430	0,550
500	0,653	0,895	0,676	—	0,587	0,447	0,566
600	0,700	0,952	0,701	—	0,634	0,473	0,578
700	0,742	1,003	0,723	—	—	—	0,587
800	0,778	1,048	0,743	—	—	—	0,595

[1] Die Unterschiede in den spez. Wärmen bei $p = 0$ at und $p = 1$ at abs sind bei den zweiatomigen Gasen so gering, daß sie vernachlässigt werden können, bei den mehratomigen Gasen liegen deren Teildrucke in den praktisch vorkommenden Fällen im allgemeinen näher bei 0 als bei 1 at abs.

Wahre molare spezifische Wärme reiner Gase und Dämpfe
in kcal/Mol, °C bei verschiedenen Temperaturen t (°C) und
konstantem Druck ($p = 0$ at abs)[1]).

t	H_2	N_2	CO	O_2	H_2O	CO_2	Luft
0	6,95	6,95	6,94	6,99	7,98	8,56	6,96
20	6,95	6,95	6,95	7,01	7,99	8,84	6,96
100	6,95	6,98	6,99	7,13	8,10	9,69	7,01
200	6,95	7,03	7,08	7,36	8,32	10,47	7,10
300	6,96	7,15	7,22	7,59	8,57	11,23	7,24
400	6,97	7,30	7,39	7,81	8,85	11,79	7,40
500	7,00	7,46	7,57	7,99	9,13	12,25	7,57
600	7,05	7,61	7,73	8,13	9,43	12,63	7,71
700	7,11	7,76	7,87	8,26	9,72	12,94	7,86
800	7,19	7,89	8,00	8,35	10,01	13,20	7,98
900	7,27	8,00	8,11	8,43	10,29	13,41	8,09
1000	7,36	8,10	8,20	8,50	10,56	13,60	8,18
1100	7,45	8,19	8,28	8,55	10,81	13,74	8,26
1200	7,54	8,27	8,35	8,60	11,04	13,87	8,34
1300	7,63	8,33	8,41	8,64	11,28	13,98	8,39
1400	7,71	8,39	8,46	8,67	11,46	14,07	8,45
1500	7,79	8,44	8,51	8,70	11,64	14,15	8,49
1600	7,86	8,48	8,55	8,72	11,80	14,22	8,53
1700	7,93	8,52	8,58	8,74	11,95	14,28	8,56
1800	7,99	8,56	8,61	8,76	12,09	14,33	8,60
1900	8,05	8,59	8,64	8,77	12,22	14,38	8,63
2000	8,10	8,61	8,66	8,79	12,34	14,42	8,65
2100	8,15	8,64	8,68	8,80	12,43	14,46	8,67
2200	8,20	8,66	8,70	8,81	12,53	14,49	8,69
2300	8,25	8,68	8,72	8,82	12,62	14,52	8,71
2400	8,28	8,70	8,73	8,83	12,69	14,54	8,73
2500	8,32	8,71	8,75	8,83	12,77	14,57	8,74
2600	8,36	8,73	8,76	8,84	12,83	14,59	8,75
2700	8,39	8,74	8,77	8,85	12,89	14,61	8,76
2800	8,42	8,75	8,78	8,85	12,95	14,63	8,77
2900	8,44	8,77	8,79	8,86	13,00	14,64	8,78
3000	8,47	8,78	8,80	8,86	13,05	14,66	8,79

[1]) C_r folgt hieraus durch Subtraktion von 1,987.

c) Mittlere spezifische Wärme c_{pm} reiner Gase und Dämpfe
in kcal/m³, °C von 0 bis t °C bei konstantem Druck
$(p = 0$ at abs)[1]) nach Justi.

t	H₂	N₂	CO	O₂	H₂O	CO₂	Luft
0	0,310	0,310	0,310	0,312	0,354	0,382	0,311
100	0,310	0,311	0,311	0,314	0,358	0,406	0,312
200	0,310	0,311	0,313	0,319	0,362	0,429	0,313
300	0,310	0,313	0,315	0,324	0,367	0,448	0,315
400	0,310	0,315	0,318	0,329	0,372	0,464	0,318
500	0,311	0,318	0,321	0,333	0,378	0,478	0,321
600	0,311	0,321	0,325	0,337	0,384	0,491	0,324
700	0,312	0,324	0,328	0,341	0,390	0,502	0,327
800	0,313	0,327	0,331	0,344	0,396	0,512	0,330
900	0,314	0,330	0,334	0,348	0,402	0,521	0,333
1000	0,315	0,333	0,337	0,350	0,409	0,530	0,336
1100	0,317	0,336	0,340	0,353	0,415	0,537	0,339
1200	0,318	0,338	0,342	0,355	0,421	0,543	0,341
1300	0,320	0,340	0,344	0,357	0,427	0,548	0,343
1400	0,321	0,343	0,346	0,359	0,432	0,553	0,346
1500	0,323	0,345	0,348	0,361	0,438	0,558	0,348
1600	0,325	0,347	0,350	0,363	0,443	0,563	0,350
1700	0,326	0,349	0,352	0,364	0,448	0,568	0,352
1800	0,328	0,351	0,354	0,366	0,453	0,572	0,354
1900	0,329	0,352	0,356	0,367	0,458	0,576	0,355
2000	0,331	0,354	0,357	0,368	0,462	0,579	0,357
2100	0,333	0,355	0,358	0,369	0,466	0,582	0,358
2200	0,334	0,556	0,359	0,370	0,470	0,585	0,359
2300	0,335	0,358	0,361	0,371	0,474	0,588	0,361
2400	0,337	0,359	0,362	0,372	0,478	0,590	0,362
2500	0,338	0,360	0,363	0,373	0,482	0,593	0,363
2600	0,339	0,361	0,365	0,374	0,485	0,595	0,364
2700	0,341	0,362	0,365	0,375	0,488	0,597	0,365
2800	0,342	0,363	0,566	0,375	0,491	0,598	0,366
2900	0,343	0,364	0,367	0,377	0,494	0,599	0,367
3000	0,344	0,365	0,368	0,378	0,497	0,600	0,368

t	CH₄	C₂H₄	C₂H₂	C₆H₆ (Dampf)	NH₃	H₂S	SO₂
0	0,369	0,451	0,456	0,93	0,379	0,366	0,425
100	0,387	0,495	0,496	1,05	0,394	0,373	0,445
200	0,420	0,560	0,526	1,16	0,413	0,381	0,463
300	0,452	0,609	0,552	1,27	0,432	0,389	0,481
400	0,482	0,655	0,572	1,39	0,454	0,397	0,495
500	0,510	0,697	0,590	—	0,476	0,406	0,508
600	0,538	0,734	0,607	—	0,497	0,416	0,519
700	0,564	0,768	0,622	—	0,519	0,425	0,528
800	0,589	0,805	0,636	—	0,539	0,434	0,535

[1]) Bei den zweiatomigen Gasen sind die Werte für c_{pm} bei $p = 0$ at und $p = 1$ at abs praktisch gleich, bei H₂O und CO₂ ist zu berücksichtigen, daß bei wärmetechnischen Rechnungen deren Partialdruck zumeist näher bei $p = 0$ at abs liegt.

d) Wahre spezifische Wärme c_p von Propan und Butan.
(kcal/m³, ⁰ C)

t	Propan	Butan
0	0,81	1,03
50	0,88	1,11
75	0,91	1,15

$$C_p = 4,4 + 4,4\,n + (0,012 + 0,006\,n)\,t.$$

C_p = molare spezifische Wärme bei konstantem Druck,
n = Zahl der Kohlenstoffatome im Molekül,
t = Temperatur ⁰ C.

e) Mittlere spezifische Wärme c_{p_m} technischer Gase in kcal/m³, ⁰C von 0 bis t⁰C bei konstantem Druck
($p = 0$ at abs)

t	Steinkohlengas	Stadtgas	Wassergas	Generatorgas
0	0,339	0,327	0,314	0,334
100	0,350	0,335	0,316	0,342
200	0,362	0,343	0,318	0,350
300	0,374	0,351	0,320	0,357
400	0,386	0,359	0,322	0,363
500	0,398	0,367	0,325	0,370
600	0,409	0,375	0,328	0,376
700	—	—	0,330	0,381
800	—	—	0,333	0,386
900	—	—	0,336	0,391
1000	—	—	0,338	0,396
1100	—	—	0,340	0,400
1200	—	—	0,342	0,403

h) Spezifische Wärme von Wasser nach Dieterici
(kcal/kg, ⁰C).

0 ⁰C	1,0088	80	1,0045	160	1,0361	240	1,0942
20	0,9987	100	1,0099	180	1,0482	260	1,1129
40	0,9987	120	1,0170	200	1,0619	280	1,1333
60	1,0008	140	1,0257	220	1,0772	300	1,1543

Für den Temperaturbereich von 35—300⁰ gilt die Formel:

$$c = 0,99827 - 0,00010368\,t + 0,0000020736\,t^2.$$

f) Wahre spezifische Wärme des überhitzten Wasserdampfes (kcal/kg, °C) (nach Knoblauch, Raisch, Hausen und Koch).

Druck kg/cm²	Temperatur °C																
	180	200	220	240	260	280	300	320	340	360	380	400	420	440	460	480	500
10	0,606	0,563	0,540	0,528	0,521	0,516	0,514	0,512	0,511	0,511	0,511	0,512	0,513	0,515	0,516	0,518	0,520
20			0,699	0,629	0,591	0,570	0,556	0,548	0,542	0,538	0,535	0,533	0,532	0,532	0,531	0,532	0,533
30				0,813	0,703	0,644	0,610	0,589	0,575	0,566	0,559	0,555	0,551	0,547	0,547	0,546	0,545
40					0,878	0,751	0,681	0,640	0,614	0,597	0,586	0,577	0,571	0,566	0,563	0,560	0,558
50						0,901	0,774	0,703	0,660	0,632	0,614	0,601	0,591	0,584	0,579	0,574	0,571
60						1,115	0,897	0,781	0,713	0,672	0,645	0,626	0,613	0,603	0,595	0,589	0,584
70							1,060	0,878	0,777	0,717	0,679	0,653	0,635	0,622	0,611	0,604	0,597
80							1,294	1,000	0,854	0,769	0,717	0,683	0,659	0,642	0,629	0,619	0,611
90							1,686	1,161	0,955	0,829	0,759	0,714	0,684	0,662	0,646	0,634	0,624
100								1,396	1,058	0,898	0,806	0,749	0,711	0,684	0,664	0,650	0,638
110								1,791	1,205	0,979	0,859	0,787	0,739	0,707	0,683	0,666	0,652
120									1,416	1,077	0,919	0,828	0,770	0,731	0,703	0,682	0,667

g) Mittlere spezifische Wärme des überhitzten Wasserdampfes in kcal/kg, °C von der Sättigungstemperatur an gerechnet (nach Knoblauch, Raisch, Hausen und Koch).

Druck kg/cm²	Temperatur °C																
	180	200	220	240	260	280	300	320	340	360	380	400	420	440	460	480	500
10	0,617	0,583	0,567	0,556	0,548	0,542	0,538	0,534	0,531	0,529	0,527	0,526	0,525	0,524	0,523	0,523	0,523
20			0,722	0,676	0,650	0,629	0,614	0,603	0,594	0,586	0,580	0,575	0,571	0,568	0,565	0,562	0,560
30				0,833	0,774	0,733	0,700	0,677	0,660	0,645	0,634	0,625	0,617	0,611	0,605	0,600	0,596
40					0,918	0,856	0,796	0,757	0,728	0,706	0,689	0,674	0,663	0,653	0,644	0,637	0,631
50						0,977	0,905	0,846	0,802	0,771	0,745	0,725	0,709	0,695	0,683	0,674	0,665
60						1,161	1,031	0,944	0,883	0,839	0,805	0,777	0,756	0,738	0,723	0,710	0,699
70							1,173	1,056	0,972	0,912	0,867	0,833	0,804	0,782	0,763	0,747	0,733
80							1,377	1,188	1,069	0,994	0,935	0,890	0,855	0,827	0,804	0,785	0,768
90								1,349	1,187	1,082	1,008	0,952	0,909	0,875	0,847	0,824	0,804
100								1,568	1,317	1,190	1,092	1,021	0,968	0,926	0,893	0,865	0,842
110								1,901	1,510	1,311	1,186	1,098	1,034	0,983	0,943	0,910	0,883
120									1,754	1,465	1,302	1,187	1,106	1,045	0,997	0,958	0,926

i) Spezifische Wärme anorganischer Stoffe (kcal/kg, °C).

Stoff	Temp. °C	Spez. Wärme	Stoff	Temp. °C	Spez. Wärme
a) Metalle			Zink	400	0,11
Aluminium	— 50	0,19	Zinn	0	0,054
»	0	0,21			
»	100	0,22	**b) Legierungen**		
»	300	0,24	Aluminiumbronze . .	20—100	0,10
Blei	— 200	0,026	Bronze	20—100	0,086
»	0	0,031	Konstantan	20	0,098
»	100	0,032	»	100	0,10
»	300	0,034	Manganin	20	0,097
Chrom	0	0,10	»	100	0,10
»	300	0,12	Messing	20—100	0,092
»	500	0,15	Neusilber	20	0,087
Eisen	— 100	0,022	Nickelstahl	20—100	0,11
»	0	0,10	Rotguß	20	0,091
»	0— 500	0,13	»	20—100	0,10
»	0—1100	0,15	Stahl	20	0,12—
»	0—1600	0,19			0,13
Gold	0	0,031	**c) Sonstige Stoffe**		
Iridium	0	0,031	Aluminiumoxyd . . .	0	0,20
Kobalt	0	0,099	Basalt	0—100	0,21
Kupfer	0	0,091	Beton	20	0,21
»	100	0,095	Eisenoxyd	0	0,16
»	300	0,099	Gips	0	0,26
»	900	0,13	Glas (Thüringer) . . .	20—100	0,20
Magnesium	0	0,24	Glaswolle	0	0,16
Mangan	0	0,11	Kaliumchlorid . .	0	0,16
Molybdän	20	0,061	Kalkstein	0—100	0,21
Nickel	0	0,11	Kalziumchlorid . . .	0	0,16
»	200	0,13	Kalziumkarbonat . .	0	0,19
»	800	0,15	Kieselgur	20	0,20
Palladium	0	0,058	Korund	0—100	0,20
Platin	0	0,032	Leder	20	0,36
»	0—1000	0,038	Marmor	0	0,20
Quecksilber	0	0,033	Natriumchlorid . . .	0	0,21
»	400	0,033	Porzellan	0—1000	0,26
Rhodium	0	0,057	Quarz	0—100	0,19
Silber	0	0,056	Quarzglas	0—100	0,17
»	250	0,059	»	0—500	0,23
»	0— 600	0,060	»	0—900	0,25
Silizium	0	0,17	»	0—1400	0,26
Titan	0	0,10	Schwefel (rhom.) . .	20	0,17
Wolfram	0	0,030	» (mon.) . .	20	0,18
»	1000	0,036	Zement	20	0,26
Zink	0	0,090	Ziegelstein	20	0,16
»	100	0,095			

k) Mittlere spezifische Wärme von feuerfesten Stoffen (kcal/kg, ^{0} C).
(Nach Cohn, Ber. Deutsch. Keram. Ges. 7, 154, 1926).

Material	20	20 bis 100	20 bis 200	20 bis 300	20 bis 400	20 bis 500	20 bis 600	20 bis 700	20 bis 800	20 bis 1000	20 bis 1200	20 bis 1400
Feldspat	0,160	0,161	0,162	0,168	0,179	0,191	0,202	0,211	0,222	0,246	0,262	—
Korund (künstl.)	0,194	0,203	0,214	0,223	0,231	0,248	0,251	0,259	0,272	0,304	—	—
Kristobalit . . .	0,185	0,194	0,212	0,237	0,238	0,244	0,248	0,252	0,257	0,266	—	—
Quarz	0,176	0,190	0,206	0,217	0,228	0,239	0,256	0,257	0,260	0,267	—	—
Sand	0,176	0,190	0,205	0,214	0,223	0,233	0,251	0,254	0,257	0,267	—	—
Schamotte gebr.	0,184	0,199	0,215	0,227	0,233	0,239	0,243	0,248	0,252	0,261	0,267	0,274
Schamotteton gebr.	0,194	0,197	0,202	0,213	0,220	0,231	0,238	0,244	0,251	0,277	—	—
Schamotteton (roh)	0,190	0,191	0,194	0,201	0,211	0,232	0,347	0,332	0,311	0,343	0,384	0,414
Sillimanit	0,161	0,161	0,161	0,163	0,167	0,170	0,173	0,174	0,175	0,175	0,199	0,205
Steingut (gebr.)	0,183	0,186	0,192	0,203	0,212	0,223	0,234	0,275	0,286	0,307		
Tonerde (amorph)	0,196	0,199	0,202	0,216	0,227	0,240	0,250	0,258	0,268	0,305	—	—

l) Spezifische Wärme von Ammoniakprodukten.
(Nach W. Schairer, Glückauf 72, 454, 1936.)

	c_{pm} 02—22^0	c_p 22^0
Rohgaswasser (1,2 %)	—	1,008
Gaswasser, abgetrieben	0,085	0,976
Gaswasser, abgetrieben und gefiltert	—	0,993

m) Spezifische Wärme von wäßrigen Ammoniak-lösungen (kcal/kg, ^{0}C).
(Nach Wrewsky und Kaigorodoff, Ztschr. phys. Chem. 112, 83, 1924.)

20,6^0		41,0^0		60,9^0	
p	c	p	c	p	c
32,3	1,0128	20,97	1,0274	12.26	1,0269
24,05	0,9988	14,78	1,0214	8,20	1,0176
15,07	0,9946	8,18	1,0109	2,87	1,0064
8,53	1,0005	3,98	1,0034		
4,02	1,0013	1,47	0,9993		
2,87	1,0011				
1,47	0,9880				

$p =$ Prozentgehalt in 100 Gewichtsteilen Lösung.

n) Mittlere spezifische Wärme von Koks (kcal/kg, °C).
(Nach Schläpfer und Debrunner, Monats-Bull. Schwz. Ver. **4**, 21, 1924.)

Temperatur-bereich	Koks mit einem Aschegehalt von					Graphit	Quarz
	5 %	10 %	15 %	20 %	25 %		
20— 100°	0,193	0,193	0,193	0,192	0,192	0,192	0,190
20— 200°	0,225	0,224	0,223	0,222	0,220	0,226	0,204
20— 300°	0,252	0,250	0,248	0,247	0,245	0,255	0,217
20— 400°	0,277	0,275	0,272	0,269	0,267	0,280	0,227
20— 500°	0,297	0,294	0,290	0,287	0,284	0,300	0,235
20— 600°	0,313	0,309	0,306	0,302	0,298	0,317	0,242
20— 700°	0,327	0,323	0,318	0,318	0,310	0,330	0,247
20— 800°	0,337	0,333	0,328	0,324	0,319	0,342	0,250
20— 900°	0,347	0,342	0,337	0,332	0,327	0,353	0,253
20—1000°	0,356	0,351	0,345	0,340	0,335	0,362	0,256
20—1100°	0,363	0,359	0,353	0,348	0,342	0,371	0,258
20—1200°	0,369	0,363	0,358	0,352	0,346	0,377	—

Berechnung der mittleren spezifischen Wärme von Koks.

$$c_m^t = \frac{x}{100} \cdot c_a^t + \frac{y}{100} \cdot c_k^t + \frac{z}{100 \cdot s} \cdot c_g^t.$$

$x =$ Prozentgehalt des Kokses an Asche,

$y =$ » » » » fixem Kohlenstoff,

$z =$ » » » » Restgas,

$s =$ spezifisches Gewicht des Restgases = 0,45,

$c_m' =$ mittlere spezifische Wärme des Kokses,

$c_a' =$ » » » » der Asche (= Quarz),

$c_k' =$ » » » » des fixen Kohlenstoffs
(= Graphit),

$c_g' =$ » » » » des Restgases je Volumeneinheit (hierfür kann mit genügender Genauigkeit die mittlere
spezifische Wärme des Kohlenoxyds eingesetzt werden).

o) Spezifische Wärme organischer Stoffe (kcal/kg, °C).

Stoff	Temp. °C	Spez. Wärme	Stoff	Temp. °C	Spez. Wärme
Azeton	20	0,52	Chloroform	0	0,23
Anilin	20	0,49	Dekalin	20	0,40
Asphalt	20	0,22	Diamant	0	0,11
Äther	20	0,57	»	100	0,19
Alkohol	20	0,58	»	600	0,44
Benzin	20	0,48—0,52	Erdöl	20	0,40—0,55
Benzol	0	0,36	Essigsäure	20	0,49
»	20	0,41	Gasöl	20	0,45—0,48
»	60	0,46	Glyzerin	20	0,58

Stoff	Temp. °C	Spez. Wärme	Stoff	Temp. °C	Spez. Wärme
Graphit	0	0,16	Petroläther	0	0,42
»	250	0,53	Petroleum	20	0,50
»	1000	0,47	Phenol	20	0,56
»	0—300	0,26	Propylalkohol	20	0,58
»	0—1100	0,37	Pyridin	20	0,41
Heptan	20	0,49	Schmieröl.	20	0,45—0,55
Holz	20	0,50—0,65	Schwefelkohlenstoff .	0	0,24
Holzkohle	20	0,16	Steinkohle	0	0,31
Kork	20	0,48	» , geschüttet	0	0,20
Korkstein.	20	0,41	Steinkohlenteer . . .	40	0,35
Kresol	20	0,49	» . . .	200	0,45
Methanol	20	0,60	Terpentinöl	0	0,41
Naphthalin	15	0,31	Tetrachlorkohlenstoff	20	0,20
»	45	0,33	Textilien	20	0,30—0,35
Nitrobenzol	20	0,36	Toluol	0	0,40
Olivenöl	20	0,40	»	50	0,44
Paraffin	20	0,48	Xylol	20	0,40
Pentan	20	0,51	Zyklohexan	20	0,50

p) Spezifische Wärme von Benzolerzeugnissen und Benzolwaschölen von 92—22° C.
(Nach W. Schairer, Glückauf 72, 454, 1936.)

	$c_{p_m\,92-22^\circ}$	$c_{p_{22^\circ}}$		$c_{p_m\,92-22^\circ}$	$c_{p_{22^\circ}}$
Benzolvorprodukt aus aromatischem Benzolwaschöl	0,395	0,370	Rohteer	0,413	0,405
			Steinkohlenteeröl . .	0,414	0,407
			Benzolwaschöl, angereichert (aromatisch)	0,365	0,361
Benzolvorprodukt aus aliphatischem Benzolwaschöl	—	0,402	Benzolwaschöl, abgetrieben (aromatisch)	0,350	0,350
Motorenbenzol 1 . .	0,395	0,383			
Motorenbenzol 2 . .	0,402	0,355	Benzolwaschöl, angereichert (aliphatisch)	—	0,452
Solventnaphtha . . .	0,401	0,362			
Leichtöl	0,413	0,365	Benzolwaschöl, abgetrieben (aliphatisch)	—	0,441
Mittelöl (41,5°/₀ Naphthalin)	0,589	0,360			

14. Wärmeübertragung.

Der Ausdruck Wärmeübertragung umfaßt all die Erscheinungen, die für die Überführung einer Wärmemenge von einem Medium auf ein zweites maßgeblich sind. Die Wärmeübertragung wird daher unterteilt in Wärmeleitung, Wärmeübergang, Wärmedurchgang und Wärmestrahlung.

a) Wärmeleitung.

Die Wärmeleitzahl λ ist diejenige Wärmemenge, die in der Zeiteinheit durch den Querschnitt von 1 m² fließt, wenn senkrecht zu diesem

Querschnitt das Temperaturgefälle von 1^0 je 1 m herrscht; sie hat im technischen Maßsystem die Dimension kcal/m h ^{0} C. Praktisch bestimmt wird zumeist das Temperaturleitvermögen $\varkappa$, aus dem die Wärmeleitzahl gemäß der Formel

$$\lambda = c \cdot d \cdot \varkappa$$

berechnet wird (d = Dichte des Stoffes, c = spezifische Wärme desselben).

Theoretisch ergibt sich das Wärmeleitvermögen durch die Übertragung der Energie durch Molekülstöße bzw. durch Molekülschwingungen bei geordneten Molekülsystemen. Bei Gasen wird die Wärmeleitzahl daher bestimmt durch die freie Weglänge, die mitgeführte Energie der Moleküle und die Zahl der Freiheitsgrade.

Ferner gilt bei Gasen die Gesetzmäßigkeit

$$\lambda = \mu \cdot c_v \cdot g \cdot \varepsilon,$$

worin μ die Zähigkeit, c_v die spezifische Wärme der Gewichtseinheit des Gases bei konstantem Volumen, g die Erdbeschleunigung und ε einen von der Atomzahl des Gases abhängigen unbenannten Zahlenwert bedeuten. ε besitzt mit großer Annäherung folgende Werte:

Atomzahl der Moleküle	1	2	3	4	5	6
ε	2,50	1,74	1,51	1,32	1,28	1,24

b) Wärmeleitzahlen λ von Gasen (kcal/m h ^{0} C).

Gas	0^0	100^0	Gas	0^0	100^0
Kohlendioxyd . .	0,0121	0,0180	Schwefeldioxyd .	0,0070	—
Kohlenoxyd . .	0,0196	—	Wasserstoff . . .	0,145	0,184
Luft	0,0204	0,0259	Wasserdampf . .	—	0,0199
Methan	0,0259	—	Äthylen	0,0145	0,0229
Sauerstoff . . .	0,0207	0,0268	Ammoniak . . .	0,0185	0,0255
Stickstoff	0,0203	0,0258	Azetylen	0,0158	—

Wärmeleitzahlen λ verschiedener Gase bei 0^0.
(Nach J. Ulsamer, Ztschr. VDI 80, 537, 1936.)

Gas	kcal/m h ^{0}C	Gas	kcal/m h ^{0}C
Luft (gereinigt und getrocknet)	$2,066 \cdot 10^{-2}$	Sauerstoff	$2,099 \cdot 10^{-2}$
Wasserstoff	$14,90 \cdot 10^{-2}$	Stickstoff	$2,063 \cdot 10^{-2}$
		Kohlendioxyd	$1,24 \cdot 10^{-2}$

c) Wärmeleitzahlen λ anorganischer Stoffe (kcal/m h ^{0}C)[1].

Aluminium	180—190	Konstantan	200
»	190—200(400⁰)	Kreide	0,8
Asbestfaser	0,1—0,2	Kupfer	300—350
Asbestpappe	0,2	Lava	0,7
Asbestschiefer	0,2	Leichtbeton	0,2—0,5
Basalt	1,15	Marmor	2,5
Beton	0,65—0,70	Messing	80—100
Blei	30	Neusilber	25
Bruchsteinmauerwerk	1,4—2,0	Nickel	50
Eis	2,1 (0⁰)	Platin	60
Eisen		Porzellan	0,9—1,0
Elektrolyteisen	76	Quarzsand (trocken)	0,25—0,30
Gußeisen	35—55	Quecksilber	6,5
Schmiedeeisen	50—55	Rotguß	50—60
Bessemerstahl	35—40	Sandstein (trocken)	1,1
Thomasstahl	45	Schamotte	0,5
Nickelstahl (30% Ni)	110	»	1,2 (500⁰)
Erdreich, feucht	0,4—0,6	»	1,4 (1000⁰)
Gips	0,36	Schlackenwolle	0,04—0,06
Glas	0,6—0,8	Silber	360
Glaswolle	0,035—0,05	Speckstein	2,8—3
Glimmer	0,3	Ton, feuerfest	0,7—1,2
Gold	250	Verputz	0,7
Hohlziegelmauerwerk	0,25—0,30	Wasser	0,45 (0⁰)
Kalksandstein	0,6	»	0,55 (50⁰)
Kalkstein	0,8	»	0,59 (75⁰)
Kesselstein	1—2,5	Zement	0,8
Kiesbeton	0,6—1,1	Ziegelstein (trocken)	0,45—0,65
Kieselgur	0,05	Ziegelmauerwerk	0,35—0,5
»	0,08 (300⁰)	Zink	100
Kohlenschlacke	0,13	Zinn	55

d) Wärmeleitzahlen λ organischer Stoffe (kcal/m h ^{0}C)[2].

Alkohol	0,18	Kohle	
Asphalt	0,5—0,6	Kohlenstaub	0,095
Baumwolle	0,05	Koks	7,2 (1000⁰)
Benzin	0,13	Steinkohle	0,12—0,15
Benzol	0,125	Kork (Pulver)	0,025—0,030
Ebonit	0,14—0,16	Korkplatte	0,035—0,05
Filz (Haar-)	0,03	Leder	0,14
» (Woll-)	0,05	Linoleum	0,16
Glyzerin	0,25	Maschinenöl	0,1
Graphit	4,0—4,5	Pappe	0,16
Gummi	0,15—0,3	Petroleum	0,13
		Paraffin	0,17
Holz		Sägemehl	0,05
Eichenholz ‖ z. Faser	0,3	Torfplatte	0,04—0,05
» ∣ z. »	0,18	Vulkanfiber	0,18—0,30
Kiefernholz ‖ z. Faser	0,3	Watte	0,035
» ∣ z. »	0,14	Wolle	0,03—0,035
		Zelluloid	0,18

[1] Wenn nichts besonderes vermerkt gültig bei 20⁰.
[2] Wenn nicht besonders vermerkt gültig bei 20⁰.

e) Wärmeübergang.

Der Wärmeübergang bedeutet den Wärmeaustausch zwischen einem strömenden Gas oder einer strömenden Flüssigkeit und der festen Begrenzungswand. In einfachen Fällen wird damit nur eine Erwärmung oder Abkühlung eines gasförmigen oder flüssigen Mediums bewirkt, sehr oft ist dieser reine Temperaturaustausch noch mit physikalischen Zustandsänderungen (Kondensation, Verdampfung, Erstarrung usw.) verbunden.

Der Wärmeübergang ist abhängig von der Zeitdauer, dem Temperaturunterschied zwischen Wand und gasförmigem bzw. flüssigem Medium und der Größe des Wandelementes. Die Wärmeübergangszahl α (kcal/m² h °C) wird vornehmlich bestimmt von der Form der (Rauhigkeit) wärmeaufnehmenden bzw. wärmeabgebenden Flächen, sowie von der Art und Strömungsgeschwindigkeit des zweiten Mediums. Es ist daher unmöglich, die bestehenden Gesetzmäßigkeiten durch genaue Zahlenwerte festzulegen. Im allgemeinen gelten jedoch für α folgende Werte:

bei sogenannter ruhender Luft . . . . $\alpha =$ 3—30

bei bewegter Luft . . . . $\alpha =$ 10—500

bei bewegten nicht siedenden Flüssig-
keiten . . . . $\alpha =$ 200—5000

bei siedenden Flüssigkeiten . . . . . $\alpha =$ 4000—6000

bei kondensierenden Dämpfen . . . . $\alpha =$ 7000—12000

f) Wärmeübergangszahlen der Ofenaußenwände.
(Mitteilung Nr. 51 der Wärmestelle Düsseldorf.)

Äußere Oberflächen-temperatur der Wand °C	Wärmeübergangszahl α (Strahlung und Konvektion der senkrechten oder waagerechten Wand) kcal/m² h °C	Stündliche Wärme-abgabe der Wand bei einer Außen-temperatur von 10 °C kcal m² h
10	7,4	0
25	8,6	129
40	9,6	288
60	10,9	545
80	11,6	811
100	12,4	1119
130	13,8	1655
160	15,2	2280
200	17,4	3300
240	19,3	4400
280	21,4	5780
320	24,1	7470
350	26,1	8870
400	29,8	11620
500	38,5	18860
600	49,3	29150

g) Wärmedurchgang[1]).

Wenn Gas- oder Flüssigkeitsströme durch eine feste Zwischenwand getrennt sind, wird die zwischen diesen eintretende Wärmeübertragung als Wärmedurchgang bezeichnet (kcal/m² h °C).

Für den Wärmedurchgang durch eine ebene Wand von der Oberfläche F (m²), der Wandstärke Δ, der Wärmeleitzahl λ (kcal/m h °C), den Wandoberflächentemperaturen Θ_1 und Θ_2, den Temperaturen des heißeren und kälteren Mediums ϑ_1 und ϑ_2 (°C) und den beiderseitigen Wärmeübergangszahlen α_1 und α_2 (kcal/m² h °C) gelten an den beiden Wandoberflächen A und B die Gleichungen

Oberfläche A $\qquad Q_1 = \alpha_1 \cdot F \cdot (\vartheta_1 - \Theta_1) \cdot t$

Oberfläche B $\qquad Q_2 = \alpha_2 \cdot F \cdot (\Theta_2 - \vartheta_2)\, t$

und für die Wärmeleitung durch die Wand:

$$Q_3 = \lambda \cdot F \cdot \frac{\Theta_1 - \Theta_2}{\Delta} \cdot t.$$

Im Beharrungszustand ist $Q_1 = Q_3 = Q_2$.

Nach Elimination der Wandtemperaturen aus den obigen Gleichungen erhält man daraufhin

$$Q = \frac{1}{\dfrac{1}{\alpha_1} + \dfrac{\Delta}{\lambda} + \dfrac{1}{\alpha_2}} \cdot F \cdot (\vartheta_1 - \vartheta_2) \cdot t = k \cdot F \cdot (\vartheta_1 - \vartheta_2) \cdot t.$$

In der letzten Gleichung stellt k als die Abkürzung des Bruches die Wärmedurchgangszahl (kcal/m² h °C) dar.

Die gleichen Verhältnisse gelten für Rohrwandungen, jedoch mit der Abänderung, daß die Eintrittsfläche und Austrittsfläche der Wand nicht mehr gleich sind. Für ein Rohr der Länge dL, dem Außendurchmesser d_a und dem Innendurchmesser d_1 gilt die Gleichung

$$Q = \frac{1}{\dfrac{1}{\alpha_a \cdot d_a} + \dfrac{1}{\alpha_i \cdot d_i} + \dfrac{1}{2\lambda} \cdot \ln \dfrac{d_a}{d_i}} \cdot \pi \cdot dL \cdot (\vartheta_i - \vartheta_a) \cdot t$$

$$= k_R \cdot \pi \cdot dL \cdot (\vartheta_i - \vartheta_a) \cdot t.$$

Die Wärmedurchgangszahl k_R (kcal/m h °C) wird in diesem Fall nicht mehr auf die Flächeneinheit, sondern auf die Längeneinheit des Rohres bezogen.

Bei den obigen Ableitungen wird vorausgesetzt, daß auf den beiden Seiten der Zwischenwand jeweils eine einheitliche Temperatur des Mediums herrscht. Dies ist im praktischen Betrieb jedoch nicht der Fall infolge der Erwärmung bzw. Abkühlung. Ferner ist zu unterscheiden

---

[1]) Einzelheiten siehe Berliner-Scheel, Physikalisches Handwörterbuch, 1932, Verlag Springer, S. 1346.

zwischen Gleichstrom und Gegenstrom der beiden Medien, so daß sich eine weitere Untertrennung in Wärmeübergang im Gleichstrom oder im Gegenstrom ergibt.

Für den Wärmedurchgang im Gleichstrom gilt die Gleichung

$$Q = W_1 \cdot (\vartheta_{1,a} - \vartheta_{2,a}) \cdot \frac{1 - e^{-\left(1 + \frac{W_1}{W_2}\right) \cdot \frac{k \cdot F}{W_1}}}{1 + \frac{W_1}{W_2}}$$

Darin bedeuten W_1 und W_2 den Wasserwert für die heißere und kältere Flüssigkeit, die in der Zeiteinheit an der Wand entlangströmen, d. h. das Gewicht der Wassermenge, die zur Erwärmung um 1^0 C die gleiche Wärmemenge erfordert wie die entsprechende Flüssigkeit:

$$W = \frac{\text{Flüssigkeitsvolumen}}{\text{Zeiteinheit}} \times \text{spez. Gewicht} \times \text{spez. Wärme.}$$

Die Indizes a und e gelten für Rohranfang bzw. Rohrende, 1 und 2 für die heißere bzw. die kältere Flüssigkeit.

In der obigen Gleichung stellt der erste Ausdruck $W_1 \cdot (\vartheta_{1,a} - \vartheta_{2,a})$ diejenige Wärmemenge dar, die die heißere Flüssigkeit abgeben würde, wenn sie vollständig bis zur Anfangstemperatur der kälteren Flüssigkeit abgekühlt werden könnte. Der nachfolgende Bruch, dessen Wert stets geringer als 1 ist, zeigt den Bruchteil der Wärmemenge an, der in Wirklichkeit ausgetauscht wird und ist somit nur von den beiden Größen

$$\frac{W_1}{W_2} \quad \text{und} \quad \frac{k \cdot F}{W_1}$$

abhängig.

Bei dem Wärmeaustausch im Gleichstrom gelten für den obigen Bruch in Abhängigkeit von $\frac{W_1}{W_2}$ und $\frac{k \cdot F}{W_1}$ folgende Zahlenwerte:

$\frac{W_1}{W_2} =$	0,00	0,05	0,2	1	5	20	100
$\frac{k \cdot F}{W_1} = 1/30$	0,033	0,033	0,033	0,033	0,032	0,024	0,009
$= 1/3$	0,28	0,28	0,27	0,25	0,14	0,05	0,01
$= 1$	0,63	0,62	0,58	0,43	0,17	0,05	0,01
$= 3$	0,96	0,91	0,81	0,50	0,17	0,05	0,01
$= \infty$	1,00	0,95	0,83	0,50	0,17	0,05	0,01

Der Wärmedurchgang im Gegenstrom wird berechnet nach der Gleichung

$$Q = W_1 \cdot (\vartheta_{1,a} - \vartheta_{2,a}) \cdot \frac{1 - e^{-\left(1 - \frac{W_1}{W_2}\right) \cdot \frac{k \cdot F}{W_1}}}{1 - \frac{W_1}{W_2} \cdot e^{-\left(1 - \frac{W_1}{W_2}\right) \cdot \frac{k \cdot F}{W_1}}}.$$

Für einige Zahlenwerte ist der Wert dieses Bruches nachstehend zusammengestellt:

$\dfrac{W_1}{W_2} =$	0	0,05	0,2	1	5	20	100
$\dfrac{k \cdot F}{W_1} = {}^1/_{30}$	0,033	0,033	0,033	0,033	0,032	0,024	0,010
$= {}^1/_3$	0,28	0,28	0,28	0,25	0,16	0,05	0,01
$= 1$	0,63	0,62	0,60	0,51	0,20	0,05	0,01
$= 3$	0,95	0.94	0,93	0,77	0,20	0,05	0,01
$= \infty$	1,00	1,00	1,00	1,00	0,20	0,05	0,01

Für den Vergleich der Wirksamkeit des Wärmeaustausches bei Gleichstrom und Gegenstrom werden beide Formeln durcheinander dividiert. Dabei erhält man nur noch das Verhältnis der Brüche, d. h. eine Abhängigkeit von den beiden Größen

$$\frac{W_1}{W_2} \quad \text{und} \quad \frac{k \cdot F}{W_1}.$$

Für das Verhältnis Gleichstrom : Gegenstrom gelten beispielsweise folgende Werte:

$\dfrac{W_1}{W_2} =$	0,00	0,05	0,2	1	5	20
$\dfrac{k \cdot F}{W_1} = {}^1/_{30}$	1,00	1,00	1,00	1,00	1,00	1,00
$= {}^1/_3$	1,00	1,00	1,00	1,00	0,88	1,00
$= 1$	1,00	1,00	0,97	0,84	0,85	1,00
$= 3$	1,00	1,97	0,87	0,65	0,85	1,00
$= \infty$	1,00	1,95	0,83	0,50	0,85	1,00

h) Wärmestrahlung.

Von den Gasen weisen nur Wasserdampf und Kohlendioxyd ein Bandenspektrum auf, das zum Teil im wirksamen Wellenbereich liegt. Eine rechnerische Erfassung dieser Gaswärmestrahlung ist jedoch sehr schwierig, da für jede der drei Banden der beiden Gase die Emissions- und Absorptionsvorgänge getrennt ermittelt werden müssen. Andererseits erfolgt bei hohen Flammentemperaturen die Wärmeübertragung zu etwa 50 bis 80% durch Wärmestrahlung und nur zum kleineren Teil durch Konvektion und Leitung. Noch größer ist der Anteil der Wärmestrahlung bei Leuchtflammen und bei stark mit Staub verunreinigten Gasen oder bei Kohlenstaubfeuerungen.

Die Strahlung der Oberflächen von festen Körpern erfolgt über den gesamten wirksamen Wellenbereich ziemlich gleichmäßig. Die Wirksamkeit des Überganges der Strahlungsenergie wird jedoch beeinflußt durch die Strahlungsabsorption des gasförmigen Zwischenmediums sowie von dem Emissions- bzw. Absorptionsvermögen der strahlenden und bestrahlten Flächen.

Ohne Berücksichtigung dieser erschwerenden Faktoren und unter Annahme einer grauen Strahlung gilt mit guter Annäherung die Gleichung:

$$Q = C \cdot f \cdot \left(\frac{T}{100}\right)^4 \text{ kcal/h.}$$

Darin bedeuten C einen Faktor (Strahlungszahl), der von der Beschaffenheit der strahlenden Oberfläche und dessen Farbe, f die Größe der strahlenden Oberfläche und T dessen absolute Temperatur. Im einzelnen sind bisher für den Proportionalitätsfaktor C beispielsweise folgende Werte ermittelt worden (nach Gröber):

Stoff	C	Stoff	C
Gestein, glatt geschliffen . . .	1,9—3,4	Lampenruß	4,40
Glas, glatt	4,40	Schmiedeeisen, matt, oxydiert	4,40
Gußeisen, rauh, oxydiert . . .	4,48	» blank	1,60
Kalkmörtel, weiß, rauh . . .	4,30	» stark poliert .	1,33
Kupfer, schwach poliert . . .	0,79	Abs. schwarzer Körper. . . .	4,95

Weitere Einzelheiten über Wärmestrahlung s. Schack, Ztschr. f. techn. Physik 5, 278, 287 (1924); 6, 530 (1925). In diesen Mitteilungen über die Strahlung der Feuergase und ihre praktische Berechnung werden Annäherungsformeln zur Berechnung der Strahlung von Kohlensäure und Wasserdampf enthaltenden Gasen angegeben.

15. Zustandsgleichung der Gase.

a) Begriff.

Die gegenseitige Abhängigkeit von Temperatur T, Druck p und spezifischem Volumen v idealer Gase wird nach dem Boyle-Mariotteschen und dem Gay-Lussacschen Gesetz durch die Zustandsgleichung

$$p \cdot v = R T$$

dargestellt, worin R die Gaskonstante bedeutet. Bei realen Gasen zeigen sich gegenüber den nach der Zustandsgleichung zu erwartenden Werten vor allem bei höheren Drucken erhebliche Abweichungen, die mit großer Annäherung durch die Zustandsgleichung von van der Waals

$$\left(p + \frac{a}{v^2}\right)(v - b) = R \cdot T$$

vermieden werden[1]. In dieser Gleichung bedeuten a und b zwei für jedes Gas charakteristische Konstanten. Diese stehen mit den kritischen

[1] Über die Bedeutung der Abweichungen von der einfachen Zustandsgleichung bei der Verdichtung technischer Gase und über die Meßtechnik bei der Flaschengasversorgung siehe Mezger und Payer, GWF. 79, 113, 133 (1936).

Werten der Gase in folgender Beziehung:

$$a = \frac{27}{64 \cdot 273^2} \cdot \frac{T_k{}^2}{p_k}, \qquad b = \frac{1}{8 \cdot 273} \cdot \frac{T_k}{p_k},$$

worin T die absolute Temperatur, T_k die kritische Temperatur (absolut) und p_k den kritischen Druck (at) bedeuten.

Wenn der Druck p in Bruchteilen des kritischen Druckes p_k, das Volumen v in Bruchteilen des kritischen Volumens v_k, das auf das des Gases bei 0^0 760 Torr bezogen ist und die Temperatur T in Bruchteilen der kritischen Temperatur T_k ausgedrückt wird, wobei man die Größen p_r, v_r und T_r als reduzierten Druck, reduziertes Volumen und reduzierte absolute Temperatur bezeichnet, d. h.

$$p_r = \frac{p}{p_k}, \qquad v_r = \frac{v}{v_k}, \qquad T_r = \frac{T}{T_k},$$

so ändert sich die van der Waals'sche Zustandsgleichung zu der reduzierten Zustandsgleichung um:

$$\left(p_r + \frac{3}{v_r{}^2}\right)(3\,v_r - 1) = 8\,T_r.$$

Die Zahlenwerte von a und b sind für die wichtigsten Gase nachstehend zusammengestellt.

b) Konstanten für die van den Waals'sche Zustandsgleichung.

Gas	$a \cdot 10^5$	$b \cdot 10^5$	Gas	$a \cdot 10^5$	$b \cdot 10^5$
Azetylen	875	229	Luft	270	164
Äthan	1065	282	Methan	453	190
Äthylen	890	253	Propan	1740	380
Ammoniak	835	166	Propylen	1670	369
Argon	265	140	Sauerstoff	271	142
n-Butan	2884	547	Schwefeldioxyd	1340	252
i-Butan	2564	510	Schwefelwasserstoff	885	192
Cyan	1528	308	Stickoxyd	267	125
Cyanwasserstoff	2220	394	Stickstoff	268	172
Helium	6,8	106	Wasser	1089	136
Kohlendioxyd	717	191	Wassserstoff	48,7	119
Kohlenoxyd	290	175			

16. Kritische Erscheinungen.

a) Kritische Konstanten von Gasen.

Die Temperatur t_k, oberhalb der unabhängig vom angewandten Druck eine Flüssigkeit aufhört, in der flüssigen Phase bestehen zu können, stellt die kritische Temperatur, die Dampfspannung der Flüssigkeit bei dieser Temperatur den kritischen Druck p_k, ihre Dichte (auf Wasser von 4^0 C bezogen) die kritische Dichte d_k und ihr spezifisches Volumen das kritische Volumen dar.

Gas	t_k °C	p_k at	d_k g cm³	Stoff	t_k °C	p_k at	d_k g cm³
Azetylen	35,9	61,6	0,231	Methylchlorid .	142,8	66	0,37
Äthan	35,0	48,8	0,21	Methylsulfid . . .	229	—	0,30
Äthylchlorid . .	182,9	54	—	Neon	44,7	27,2	0,48
Äthylen	9,5	50,7	0,216	Ozon	— 5	67	0,54
Ammoniak . . .	132,4	112	0,236	Phosgen	182	56	0,52
Argon	— 122,4	48	0,52	Propan	95,6	45	—
n-Butan	153,2	35,7	—	Propylen. . . .	92,0	45,3	—
i-Butan	133,7	36,5	—	Sauerstoff . . .	— 118,8	49,7	0,430
Chlor	143,9	76	0,573	Schwefeldioxyd .	157,5	77,8	0,524
Chlorwasserstoff	51,4	83	0,61	Schwefeltrioxyd	218,3	83,8	0,633
Cyan	128,3	59,7	—	Schwefelwasser-			
Cyanwasserstoff.	183,5	53,2	0,195	stoff.	100,4	89	—
Helium	— 267,9	2,26	0,066	Stickoxyd . . .	— 93	71	0,459
Kohlendioxyd .	+ 31,0	72,9	0,468	Stickoxydul . .	35,4	75	0,45
Kohlenoxyd . .	— 140,2	34,5	0,301	Stickstoff . . .	— 147,1	33,5	0,311
Luft.	— 140,7	37,2	0,31	Wasserdampf . .	374,1	218,5	0,324
Methan	— 82,5	45,7	0,162	Wasserstoff. . .	— 239,9	12,8	0,031

b) Kritische Konstanten von Kohlenwasserstoffen.

Stoff	t_k °C	p_k at	d_k g cm³	Stoff	t_k °C	p_k at	d_k g cm³
Pentan	197	33,0	0,232	Petroläther. . .	210	—	—
Hexan.	234	29,6	0,234	Leichtbenzin . .	300	—	—
Oktan	296	24,7	0,233	Schwerbenzin. .	350	—	—
Dekan.	346	21,2	0,230	Gasöl	460	—	—
Pentadekan . .	444	15,8	0,221	Benzol.	288,5	49,5	0,305

17. Dissoziation der Gase und Gleichgewichtskonstanten.

a) Begriff der Dissoziation.

Abgesehen von der thermischen Unbeständigkeit zahlreicher Gase, vor allem der Kohlenwasserstoffe, tritt bei nahezu sämtlichen anderen Gasen bei entsprechend hohen Temperaturen ein mehr oder weniger vollständiger Zerfall der Moleküle in einfachere Bestandteile (Dissoziationsprodukte) ein. Würde eine Dissoziation der Verbrennungsabgase nicht stattfinden, so könnte man sich vorstellen, daß durch stufenweise Vorwärmung eines brennbaren Gemisches seine Grenztemperatur beliebig hoch gesteigert werden würde.

Erhitzt man ein mehratomiges Gas wie Kohlendioxyd oder Wasserdampf auf Temperaturen oberhalb 1500°, so läßt sich nachweisen, daß eine teilweise Zersetzung in Kohlenoxyd und Sauerstoff bzw. Wasserstoff und Sauerstoff stattfindet und die Gemische bei solchen Temperaturen die drei Bestandteile Kohlenoxyd, Sauerstoff und Kohlendioxyd bzw. Wasserstoff, Sauerstoff und Wasserdampf enthalten. Wenn sich dann bei einer bestimmten Temperatur die Zusammensetzung des Gemisches nicht mehr ändert, so befindet sich das Gemisch im »chemischen Gleichgewicht«. Erklären läßt sich dieser Gleichgewichtszustand

6*

damit, daß dem Bestreben der Ausgangsstoffe, eine Verbindung einzugehen, ein gleich wirksames Bestreben der Reaktionsprodukte zum Zerfall mit einer Wärmetönung von gleicher Größe, aber entgegengesetztem Vorzeichen, entgegensteht. Im Gleichgewichtszustand bilden sich dann in gleichen Zeiten ebensoviel neue Reaktionsprodukte als schon vorhandene wieder zerfallen oder formelmäßig zum Ausdruck gebracht:

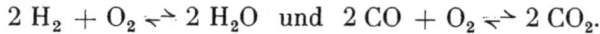

$$2\,H_2 + O_2 \rightleftharpoons 2\,H_2O \quad \text{und} \quad 2\,CO + O_2 \rightleftharpoons 2\,CO_2.$$

Mit steigender Temperatur verschiebt sich das Gleichgewicht so, daß die Menge an freiem Wasserstoff und Kohlenoxyd größer wird. Es kommt ein Teil der brennbaren Gase Kohlenoxyd und Wasserstoff nicht zur Verbrennung. Damit verringert sich nicht nur die zur Verbrennung gelangende Gasmenge, sondern der nicht zur Verbrennung gelangende Teil wirkt sogar gewissermaßen als Ballast, so daß sich eine wesentlich niedrigere Grenztemperatur ergibt, als sich aus Heizwert und mittlerer spezifischer Wärme der Abgase nach dem bisher üblichen Verfahren ohne Berücksichtigung der Dissoziation errechnen läßt.

Als unterste Grenze einer merklichen Dissoziation kann allgemein ungefähr eine Temperatur von 1500 bis 1600° angenommen werden.

Der Dissoziationsgrad α gibt den Bruchteil des je 1 Vol. Ausgangsgas zerfallenden Anteils an, wobei $n_1\,\alpha + n_2\,\alpha$ Vol. Dissoziationsprodukte entstehen.

Ein Beispiel soll dies näher erläutern. Oberhalb 2000° beginnt Sauerstoff gemäß der Gleichgewichtsreaktion

$$O_2 \rightleftharpoons 2\,O$$

in seine Atome zu zerfallen. Für diese homogene Gleichgewichtsreaktion gilt gemäß dem Massenwirkungsgesetz die Gleichung der Reaktionsisotherme

$$K_c = \frac{[2\,O]^2}{[O_2]},$$

worin K_c die temperaturabhängige Gleichgewichtskonstante und die in eckige Klammern gefaßten Ausdrücke die Konzentrationen an atomarem bzw. molekularem Sauerstoff bedeuten. Bei Einführung der Dissoziationskonstante α und Ersatz der Konzentrationen durch entsprechende Partialdrücke läßt sich die Gleichung wie folgt umformen:

$$K_p = \frac{p \cdot 4\,\alpha^2}{1 - \alpha^2}.$$

Bei der Dissoziation von Kohlendioxyd und Wasserdampf ist der Dissoziationsgrad x abhängig vom Teildruck und der Temperatur. Die Abhängigkeit vom Druck bei gegebener, fester Temperatur wird dargestellt durch die Gleichung der Dissoziationsisotherme:

$$K_p = p \cdot \frac{\alpha^3}{(2 + \alpha)(1 - \alpha)^2},$$

wobei K_p für eine gegebene Temperatur einen festen Wert hat.

Auf Grund der von Justi[1]) nach verschiedenen Literaturangaben zusammengestellten Werte für die Dissoziationsgleichgewichtskonstanten K_p und Dissoziationsgrade α für die Dissoziationsgleichungen

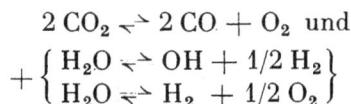

$$2\,CO_2 \rightleftharpoons 2\,CO + O_2 \quad \text{und}$$

$$+ \left\{ \begin{array}{l} H_2O \rightleftharpoons OH + 1/2\,H_2 \\ H_2O \rightleftharpoons H_2 + 1/2\,O_2 \end{array} \right\}$$

sind die Dissoziationsgrade α in Prozenten für den gesamten für praktische Rechnungen in Frage kommenden Teildruckbereich berechnet[2]) und in den nachfolgenden Zahlentafeln zusammengestellt worden. Etwa erforderliche Zwischenwerte lassen sich leicht interpolieren.

d) Gleichgewichtskonstanten verschiedener Reaktionen.

Eine Anwendung des dritten Hauptsatzes der Thermodynamik auf die Berechnung der Gleichgewichtskonstanten von Gasreaktionen ist infolge des Erfordernisses der Kenntnis zahlreicher thermodynamischer Größen in den meisten Fällen sehr schwierig. Durch Anwendung der Nernstschen Näherungsformel können die Gleichgewichtszustände von Gasreaktionen dagegen verhältnismäßig einfach berechnet werden. Diese lautet:

$$\log K_p = -\frac{U}{4{,}57\,T} + \Sigma\nu \cdot 1{,}75 \log T + \Sigma\nu j.$$

Darin bedeuten U die auf Zimmertemperatur bezogene Wärmetönung unter konstantem Druck, T die absolute Temperatur, $\Sigma\nu$ die Differenz der Molsummen der verschwindenden und der entstehenden Stoffe $(m + n) - (q + r)$ gemäß

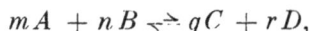

$$mA + nB \rightleftharpoons qC + rD,$$

$\Sigma\nu j$ die gleichartige Differenz der algebraischen Summen der »konventionellen chemischen Konstanten« und

$$K_p = \frac{p_A^m \cdot p_B^n}{p_C^q \cdot p_D^r},$$

worin p die Teildrucke der Reaktionsteilnehmer in ata angeben.

Konventionelle chemische Konstanten.

H_2	1,6	CO	3,5	NO	3,5
N_2	2,6	CO_2	3,2	H_2S	3,0
O_2	2,8	CH_4	2,5	SO_2	3,3
Cl_2	3,1	HCN	3,4	NH_3	3,3
H_2O	3,6	C_6H_6	3,0	CS_2	3,1

[1]) Forschung a. d. Geb. d. Ingenieurwesens **6**, 209 (1935).
[2]) H. Brückner und W. Bender, Gas- und Wasserfach **79**, 701 (1936).

Für die Gleichgewichtsreaktionen der wichtigsten Gasreaktionen in Abhängigkeit von der Temperatur gelten folgende Zahlenwerte:

$2H \rightleftharpoons H_2$

$$K_p = \frac{p_H^2}{p_{H_2}} \qquad \log K_p = \frac{-19700}{T} + 4,89$$

$2NO + O_2 \rightleftharpoons 2NO_2$

$$K_p = \frac{p_{NO}^2 \cdot p_{O_2}}{p_{NO_2}^2} \qquad \log K_p = \frac{-5749}{T} + 1,70 \log T - 5 \cdot 10^{-4} T + 2,839$$

$N_2 + 3H_2 \rightleftharpoons 2NH_3$

$$K_p = \frac{p_{NH_3}}{p_{N_2}^{1/2} \cdot p_{H_2}^{3/2}} \qquad \log K_p = \frac{2098}{T} - 2,509 \log T - 1,006 \cdot 10^{-4} T + 1,859 \cdot 10^{-7} T^3 + 20$$

$t\ ^\circ C$	480°	580°	680°	760°	880°
$\log K_p$	0,6905	0,9629—1	0,3922—1	0,0476—1	0,5751—2

$CH_4 \rightleftharpoons C + 2H_2$

$$K_p = \frac{p_{CH_4}}{p_{H_2}^2}$$

$t\ ^\circ C$	750°	830°	945°	1065°	1132°
$K_p \cdot 10^4$	0,89	3,8	24,5	118	260

$S_2 + 2H_2 \rightleftharpoons 2H_2S$

$$K_p = \frac{p_{S_2} \cdot p_{H_2}^2}{p_{H_2S}^2}$$

$CO + H_2O \rightleftharpoons H_2 + CO_2$

$$K_p = \frac{p_{H_2O} \cdot p_{CO}}{p_{H_2} \cdot p_{CO_2}} \qquad \log K_p = \frac{2203,4}{T} - 5,159 \cdot 10^{-5} T$$
$$- 2,5426 \cdot 10^{-7} T^2 + 7,462 \cdot 10^{-11} T^3 + 2,3$$

b) Dissoziation von Kohlendioxyd.
Dissoziationsgrad α in %.

Teildruck des Kohlendioxyds in ata

Temp. °C	1,00	0,90	0,80	0,70	0,60	0,50	0,45	0,40	0,35	0,30	0,25	0,20	0,18	0,16	0,14	0,12	0,10	0,09	0,08	0,07	0,06	0,05	0,04	0,03
1500	0,4	0,4	0,4	0,4	0,4	0,4	0,4	0,4	0,4	0,4	0,4	0,4	0,4	0,4	0,5	0,5	0,5	0,5	0,5	0,5	0,5	0,5	0,5	0,6
1600	0,70	0,72	0,75	0,79	0,83	0,85	0,9	0,95	1,0	1,1	1,2	1,3	1,3	1,35	1,4	1,45	1,5	1,55	1,6	1,7	1,8	1,9	2,0	2,2
1700	1,3	1,3	1,4	1,5	1,6	1,65	1,7	1,75	1,8	1,9	2,0	2,2	2,3	2,4	2,5	2,6	2,8	2,9	3,0	3,1	3,3	3,5	3,8	4,1
1800	2,2	2,3	2,4	2,5	2,6	2,75	2,9	3,0	3,1	3,3	3,5	3,7	3,8	4,0	4,2	4,4	4,6	4,8	5,0	5,2	5,5	5,9	6,3	6,9
1900	3,6	3,7	3,9	4,1	4,3	4,5	4,7	4,9	5,1	5,3	5,6	6,1	6,3	6,5	6,8	7,2	7,6	7,8	8,1	8,5	8,9	9,5	10,1	11,1
2000	6,0	6,3	6,5	6,8	7,1	7,4	7,7	8,0	8,4	8,8	9,4	10,0	10,4	10,8	11,2	11,8	12,5	12,9	13,4	13,9	14,6	15,4	16,5	18,0
2100	9,0	9,3	9,7	10,1	10,5	11,2	11,5	12,0	12,5	13,1	13,9	14,9	15,3	15,9	16,6	17,3	18,3	18,9	19,6	20,3	21,3	22,4	23,9	25,9
2200	14,0	14,5	15,0	15,6	16,4	17,3	17,9	18,5	19,2	20,1	21,2	22,6	23,3	24,1	25,0	26,1	27,5	28,3	29,2	30,3	31,5	33,1	35,1	37,6
2300	19,0	19,6	20,3	21,1	22,1	23,2	24,0	24,8	25,7	26,9	28,2	30,0	30,9	31,8	32,9	34,3	35,9	36,9	37,9	39,2	40,7	42,5	44,7	47,6
2400	26,0	26,8	27,7	28,7	29,9	31,4	32,3	33,3	34,5	35,8	37,5	39,6	40,6	41,8	43,1	44,6	46,5	47,6	48,8	50,2	51,8	53,7	56,0	59,0
2500	34,0	34,9	36,0	37,2	38,7	40,4	41,4	42,6	43,9	45,4	47,3	49,7	50,7	52,0	53,4	55,0	56,9	58,0	59,3	60,6	62,2	64,1	66,3	69,1
2600	43,0	44,1	45,3	46,6	48,2	50,1	51,2	52,4	53,8	55,5	57,4	59,7	60,8	62,0	63,4	64,9	66,7	67,8	68,9	70,2	71,6	73,3	75,2	77,7
2700	53,0	54,1	55,4	56,8	58,4	60,3	61,3	62,6	63,9	65,5	67,3	69,4	70,5	71,6	72,8	74,1	75,7	76,6	77,6	78,6	79,8	81,1	82,5	84,4
2800	63,0	64,1	65,3	66,6	68,1	69,9	70,8	71,9	73,2	74,5	76,1	77,9	78,7	79,6	80,6	81,7	83,0	83,7	84,4	85,2	86,1	87,2	88,3	89,6
2900	72,0	73,0	74,0	75,2	76,5	78,0	78,8	79,7	80,7	81,8	83,0	84,5	85,1	85,8	86,5	87,4	88,3	88,8	89,4	90,0	90,6	91,4	92,2	93,2
3000	80,0	80,8	81,7	82,5	83,6	84,7	85,4	86,0	86,8	87,6	88,5	89,6	90,1	90,6	91,1	91,7	92,3	92,7	93,1	93,5	93,9	94,4	94,9	95,6

c) Dissoziation von Wasserdampf.
Dissoziationsgrad α in %.

Teildruck des Wasserdampfs in ata

Temp. °C	1,00	0,90	0,80	0,70	0,60	0,50	0,45	0,40	0,35	0,30	0,25	0,20	0,18	0,16	0,14	0,12	0,10	0,09	0,08	0,07	0,06	0,05	0,04	0,03
1600	0,28	0,29	0,30	0,32	0,35	0,38	0,40	0,42	0,44	0,46	0,48	0,50	0,52	0,54	0,56	0,58	0,60	0,63	0,65	0,70	0,75	0,80	0,85	0,90
1700	0,50	0,52	0,54	0,57	0,60	0,62	0,64	0,67	0,70	0,73	0,76	0,80	0,85	0,90	0,95	1,02	1,08	1,15	1,16	1,20	1,27	1,35	1,45	1,60
1800	0,83	0,86	0,90	0,95	1,00	1,05	1,10	1,15	1,20	1,25	1,30	1,40	1,46	1,53	1,60	1,70	1,80	1,85	1,90	2,00	2,10	2,25	2,40	2,70
1900	1,40	1,45	1,50	1,56	1,63	1,70	1,80	1,90	2,00	2,10	2,20	2,40	2,50	2,60	2,70	2,85	3,00	3,10	3,25	3,40	3,60	3,80	4,05	4,45
2000	2,00	2,10	2,20	2,30	2,40	2,50	2,57	2,65	2,80	2,95	3,15	3,40	3,50	3,55	3,80	4,00	4,30	4,45	4,60	4,80	5,05	5,35	5,75	6,30
2100	3,00	3,10	3,25	3,40	3,55	3,70	3,90	4,10	4,30	4,55	4,80	5,10	5,25	5,45	5,70	6,00	6,35	6,55	6,80	7,10	7,50	7,95	8,55	9,35
2200	4,40	4,55	4,70	4,90	5,10	5,40	5,65	5,90	6,25	6,50	6,90	7,40	7,65	7,95	8,35	8,80	9,30	9,60	9,90	10,30	10,8	11,5	12,3	13,4
2300	6,20	6,45	6,70	6,95	7,30	7,70	8,00	8,40	8,75	9,10	9,65	10,40	10,75	11,10	11,6	12,2	12,9	13,3	13,75	14,35	15,0	15,9	16,0	17,5
2400	8,40	8,70	9,00	9,40	9,90	10,45	10,80	11,20	11,70	12,25	12,75	13,9	14,4	15,0	15,6	16,3	17,2	17,7	18,4	19,1	20,0	21,0	22,5	24,4
2500	11,0	11,3	11,7	12,3	12,9	13,7	14,1	14,6	15,2	15,9	16,8	17,7	18,6	19,3	20,0	20,9	22,1	22,7	23,5	24,5	25,6	26,8	28,5	30,9
2600	15,0	15,5	16,0	16,7	17,5	18,5	19,1	19,7	20,5	21,5	22,6	24,1	24,8	25,7	26,7	27,8	29,2	30,1	31,0	32,1	33,5	35,1	37,1	39,7
2700	19,0	19,6	20,3	21,1	22,1	23,3	24,0	24,8	25,7	26,8	28,2	29,9	30,8	31,8	33,0	34,2	35,9	36,9	37,9	39,2	40,7	42,6	44,7	47,3
2800	25,0	25,8	26,6	27,6	28,8	30,2	31,1	32,2	33,3	34,6	36,2	38,3	39,3	40,4	41,6	43,2	45,0	46,1	47,3	48,7	50,3	52,2	54,5	57,6
2900	31,0	31,9	32,9	34,1	35,4	37,1	38,1	39,2	40,5	41,9	43,7	46,0	47,1	48,3	49,7	51,3	53,2	54,3	55,5	56,9	58,6	60,5	62,8	65,6
3000	38,0	39,0	40,1	41,4	42,9	44,7	45,8	47,0	48,4	50,0	51,9	54,3	55,4	56,6	58,0	59,6	61,6	62,6	63,8	65,1	66,7	68,5	70,6	72,9

18. Verdampfungswärme.

a) Begriff.

Die Verdampfungswärme r eines flüssigen Stoffes gibt die Anzahl kcal an, die benötigt werden, um 1 kg dieser Flüssigkeit bei gleichbleibendem äußerem Druck in Dampf von gleicher Temperatur umzuwandeln. Diese Wärmemenge ist gleich aber von entgegengesetztem Vorzeichen wie die Kondensationswärme. Die Angabe der Verdampfungswärme erfolgt zumeist bei der Siedetemperatur der Flüssigkeit unter normalem Druck.

Verdampfungswärme des Wassers bei 100° und 760 Torr:

$$r = 539 \text{ kcal/kg.}$$

Allgemeine Formel für die Berechnung der Verdampfungswärme des Wassers für Drücke bis 200 at und Temperaturen bis zu 365° (nach PTR):

$$r = \left[a + b \left(\frac{\vartheta}{100} \right)^{1,15} + c \left(\frac{\vartheta}{100} \right)^{6,5} + d \left(\frac{\vartheta}{100} \right)^{30} \right] \cdot (\vartheta_k - \vartheta)^{0,365} \text{ kcal/kg.}$$

ϑ = Verdampfungstemperatur in °C . . . $b = 0,8162,$

$\vartheta_k = 374,2°$ (kritische Temperatur d. Wass.). $c = -1,375 \cdot 10^{-3}$

$a = 68,596$ . . . . $d = -0,02 \cdot 10^{-15}$

b) Verdampfungswärme verschiedener Gase[1]).

Gas	Schmelzpunkt °C	Siedepunkt °C	Verdampfungswärme kcal/kg	bei °C
Ammoniak	— 78	— 33,4	330	— 33,4
Argon	— 190	— 186	37,6	— 186
Cyanwasserstoff. . .	— 13	+ 26,5	226	+ 26,5
Helium	— 272 (26 at)	— 269	6	— 269
Kohlendioxyd. . . .	— 57	— 78	137 (fest)	— 78
Kohlenoxyd	— 207 (100 mm)	— 190	50,5	— 190
Phosgen	— 126	+ 8	—	—
Sauerstoff	— 218,8	— 182,97	50,9	— 183
Schwefeldioxyd . . .	— 73	— 10	96	— 10
Schwefelwasserstoff .	— 83	— 60	132	— 60
Stickstoff.	— 210,5	— 195,5	47,7	— 195,5
Wasserstoff	— 257	— 253	114	— 253

[1]) Vgl. ferner Zahlentafel IIa auf S. 13.

c) Verdampfungswärme verschiedener organischer Stoffe
(in kcal/kg bei Siedetemperatur).

Flüssigkeit	Verdampfungs- wärme kcal/kg	Flüssigkeit	Verdampfungs- wärme kcal/kg
Äthyläther . .	84,5	Mesitylen . . .	74,4
Äthylalkohol .	216,4	Methylalkohol .	65,7
Benzin	90	Methylchlorid .	97
Benzol . . .	94,9	Naphthalin . .	75,4
Chloroform . .	61,2	n-Pentan . . .	84
Cyklohexan . .	86,7	Pyridin	102
Heptan	74	Toluol	86,2
n-Hexan. . . .	79	Xylole	81—82,5
Kresol	100		

d) Verdampfungswärme von Steinkohlenteerölfraktionen.
(Nach Weiß, Ind. Eng. Chem. **14**, 72, 1922.)

Siedebereich °C	Verdampfungs- wärme kcal/kg	Siedebereich °C	Verdampfungs- wärme kcal/kg
200—250	84,8	345—390	73,3
250—300	81,0	390—440	65,1
300—345	75,1	440—490	63,1

19. Bildungswärme.

a) Begriff.

Die Bildung einer chemischen Verbindung nach einer Reaktionsgleichung ist mit einer bestimmten Wärmetönung, der Bildungswärme des Stoffes, verbunden, die, wenn nicht anders angegeben, auf Zimmertemperatur (20⁰) bezogen wird. Eine direkte Bestimmung der Wärmetönung einer chemischen Reaktion ist jedoch nur zuweilen möglich, sie kann aber über andere Reaktionen unter Zugrundelegung des Heßschen Wärmesatzes berechnet werden. Dabei ist der Zustand der Reaktionsteilnehmer (fest, flüssig, gasförmig) zu berücksichtigen.

Die Bildungswärmen der einfacheren anorganischen und der organischen Verbindungen werden im allgemeinen auf die sie aufbauenden Elemente bezogen, deren Verbrennungswärmen mit hinreichender Genauigkeit bekannt sind.

Ein Beispiel soll dies näher erläutern. Es ist zu berechnen die Bildungswärme des Methans aus seinen Elementen, also gemäß der Gleichung

$$[C] + (2\,H_2) = (CH_4),$$

worin zwecks Kennzeichnung des Zustandes der einzelnen Stoffe die festen und flüssigen in eckige, die gasförmigen in runde Klammern gefaßt werden. Als Kohlenstoffmodifikation wird β-Graphit, als Wasserstoff molekularer gasförmiger Wasserstoff zugrunde gelegt. Die molare Verbrennungswärme des Methans beträgt 212 800 kcal/kmol, die Summe der Verbrennungswärmen des β-Graphits + Wasserstoffs 94 300 + 2 · 68 350 = 231 000 kcal/kmol, sie ist also um 18 200 kcal/kmol größer als die des Methans. Für die Bildung des Methans aus seinen Elementen werden somit, auf Zimmertemperatur bezogen, 18 200 kcal/kmol frei.

b) Bildungswärme verschiedener Stoffe.

Stoff	Formel	Entstanden[1]) aus	Bildungswärme kcal/kmol
Sauerstoff	O_2	2 (H)	+ 120 000
Stickstoff	N_2	2 (N)	+ 207 500
Wasserstoff	H_2	2 (H)	+ 105 000
Wasser (flüssig)	H_2O	(H$_2$) + $^1/_2$ (O$_2$)	+ 68 350
Schwefelwasserstoff	H_2S	[S$_{rh}$] + (H$_2$)	+ 4 760
Schwefeldioxyd	SO_2	[S$_{rh}$] + (O$_2$)	+ 70 900
Schwefeltrioxyd	SO_3	(SO$_2$) + $^1/_2$ (O$_2$)	+ 33 700
Ammoniak	$NH_{3\,aq}$	$^1/_2$ (N$_2$) + $^3/_2$ (H$_2$)	+ 19 350
Kohlenoxyd	CO	[β-Graphit] + $^1/_2$ (O$_2$)	+ 26 600
Kohlendioxyd	CO_2	(CO) + $^1/_2$ (O$_2$)	+ 67 700
Methan	CH_4	[β-Graphit] + 2 (H$_2$)	+ 18 200
Äthan	C_2H_6	(C$_2$H$_4$) + (H$_2$)	+ 30 600
Propan	C_3H_8	3 [β-Graphit] + 4 (H$_2$)	+ 25 700
Äthylen	C_2H_4	2 [β-Graphit] + 2 (H$_2$)	— 14 700
Propylen	C_3H_6	3 [β-Graphit] + 3 (H$_2$)	— 7 050
Azetylen	C_2H_2	2 [β-Graphit] + (H$_2$)	— 56 050
Benzol (flüssig)	C_6H_6	6 [β-Graphit] + 3 (H$_2$)	— 12 150
Kohlenoxysulfid	COS	[β-Graphit] + $^1/_2$ (O$_2$) + [S$_{rh}$]	+ 32 700
Schwefelkohlenstoff	CS_2	[β-Graphit] + 2 [S$_{rh}$]	+ 22 600

[1]) Die in runde Klammern gefaßten Symbole bedeuten im gasförmigen, die in eckige Klammern gefaßten im festen Zustand.

C. Brenntechnische Eigenschaften.

a) Durchschnittliche Zusammensetzung der technischen Brenngase
(nach K. Bunte, GWF 74, 941, 1931).

Art des Gases		Leucht-gas	Stein-kohlen-gas	Kokerei-gas	Wasser-gas	Normen-gas der Vor-kriegszeit	Stattgas Normen-gas	Stein-kohlen-wasser-gas	Ölkarbu-riertes Wasser-gas	Gene-ratorgas	Gichtgas
Verbrennungswärme (oberer Heizwert)	kcal/Nm³	5900	5500	4650	2700	5060	4300	3100	3970	1280	950
Heizwert (unterer)	kcal/Nm³	5260	4900	4130	2460	4530	3830	2800	3620	1215	940
Gaszusammensetzung CO_2	%	2	2,0	2,1	6,8	2,8	4,0	5,0	6,0	5,9	7,5
sKW	%	4	3,5	2,1	—	2,9	2,0	0,2	3,8	—	—
CO	%	8	8,5	6,2	38,5	16,6	21,5	34,5	33,5	28,5	29,0
H_2	%	50	52,5	53,3	49,5	50,0	51,5	48,5	44,5	12,8	2,5
CH_4	%	34	30,0	25,0	0,2	25,1	17,0	5,5	8,0	0,3	—
N_2	%	2	3,5	11,3	5,5	2,6	4,0	6,3	4,2	52,5	61,0
Spez. Gewicht (Luft = 1)		0,41	0,40	0,41	0,56	0,44	0,47	0,54	0,58	0,88	0,99
	je m³ Gas										
Sauerstoffbedarf	m³	1,15	1,06	0,893	0,44	0,966	0,795	0,534	0,72	0,21	0,16
Luftbedarf (Mindestluftmenge)	m³	5,50	5,09	4,27	2,12	4,62	3,81	2,55	3,45	1,01	0,75
Rauchgasmenge feucht	m³	6,23	5,80	4,98	2,68	5,30	4,45	3,14	4,08	1,81	1,59
Rauchgasanalyse CO_2	%	9,0	8,8	8,0	16,9	10,0	10,9	14,5	14,5	19,2	23,0
H_2O	%	20,9	21,2	22,0	18,6	20,5	20,6	19,1	17,6	7,4	1,6
N_2	%	70,1	70,0	70,0	64,5	69,5	68,5	66,4	67,9	73,4	75,4

b) Technische Gase.

(Brenngase.)

Gruppe	Gewinnung	Art	Unterarten	Heizwert kcal/Nm³	Sonstiges
Gase aus festen Brennstoffen	Entgasung	Schwelgase	Holz-, Torf-, Braunkohlen-, Steinkohlen-, Ölschiefer-schwelgas	3000—10 000	Schwelgase werden aus festen Brennstoffen durch Erhitzen unter Luftabschluß unterhalb Rotglut (500—600°) erhalten.
		Destillationsgase	Torf-, Braunkohlen-, Steinkohlengas (Kokereigas)	3500—5500	Destillationsgase entstehen aus festen Brennstoffen oberhalb Rotglut.
	Vergasung	mit Luft (Schwachgase)	Gichtgas	700—900	Entweicht aus der Gicht des Hochofens und besteht aus Kohlensäure, Kohlenoxyd und Stickstoff.
			Mondgas	800—1500	Mondgas wurde früher durch Vergasung jüngerer Kohlen mit Luft in Gegenwart von überschüssigem überhitztem Wasserdampf bei möglichst niedriger Temperatur zwecks erhöhter Ammoniakgewinnung erzeugt.
			Generatorgas	800—1500	Generatorgas entsteht bei der Vergasung fester Brennstoffe mit Luft, zumeist bei gleichzeitiger Dampfzugabe.
		mit Wasserdampf (Wassergase)	Koks-wassergas	2500—2900	Wassergas wird erzeugt durch Einblasen von Dampf in hocherhitzten Koks. Das Aufheizen des Brennstoffs erfolgt zumeist regenerativ (Blasen), in neuester Zeit auch rekuperativ.
			Karburiertes Wassergas	3000—4500	Karburiertes Wassergas entsteht entweder durch Vergasung von Stein- oder Braunkohle mit Wasserdampf (Kohlenwassergas), so daß ein Gemisch von Schwelgas und Wassergas gebildet wird oder durch das Vermischen von Wassergas mit den Krackgasen von Ölen oder Teeren, die entweder mit dem Wasserdampf zusammen oder nach der Wassergasbildung in einem Karburator eingespritzt und in diesem zersetzt werden.

Gruppe	Gewinnung	Art	Unterarten	Heizwert kcal/Nm³	Sonstiges
Gase aus festen Brennstoffen	Vergasung	mit Sauerstoff		3000—4500	Durch Vergasen von Koks mit Sauerstoff wird technisch reines (98 proz.) Kohlenoxyd, von Kohle mit Sauerstoff-Wasserdampf-Gemisch Synthesegas (Kohlenoxyd-Wasserstoff-Gemisch) oder unter Druck (Lurgiverfahren) ein stadtgasähnliches Gas erhalten.
Erdgase	Entstehung ohne technische Einwirkung	—	Trockenes Erdgas	7000—9000	Enthält an Kohlenwasserstoffen im wesentlichen nur Methan.
			Nasses Erdgas	7000—15000	Enthält neben Methan erhebliche Mengen Äthan, Propan, Butan (Flüssiggas) und höhere Kohlenwasserstoffe (Gasolin).
Flüssiggase	Aus nassem Erdgas, aus Destillations- und Krackgasen, aus Koksofengas oder Nebenerzeugnis bei Synthesen flüssiger Brennstoffe	—	Gasol	13000—18000	Gasol besteht je etwa zur Hälfte aus gesättigten und ungesättigten Kohlenwasserstoffen, die bei nur mäßig erhöhtem Druck verflüssigt und in Leichtmetallflaschen aufbewahrt werden.
			Propan und Butan	22000—28000	Propan- und Butangas werden bei nur wenig erhöhtem Druck verflüssigt und dienen als Heizgas oder zum Betrieb von Kraftfahrzeugen.
Sonstige Gase	Verschiedene Verfahren	Methan	Methan rein	9500	Reines Methan fällt bei der Tiefkühlung von Steinkohlengas an.
			Klärgas	6000—7000	Bei der biologischen Abwasserklärung wird Methan gebildet, das zunächst durch Schwefelwasserstoff und Kohlendioxyd verunreinigt ist.
		Kohlenoxyd	—	3000	Kohlenoxyd wird erhalten durch trockene Vergasung von Hochtemperaturkoks mit technisch reinem Sauerstoff.
		Wasserstoff	—	3000	Wasserstoff wird erhalten durch Tiefkühlung von Steinkohlengas, durch Konvertierung des Kohlenoxyds in Kohlenoxyd-Wasserstoffgemischen mit Wasserdampf, durch thermische Zersetzung von Kohlenwasserstoffen (Methan) unter Kohlenstoffausscheidung, durch Behandeln von reduziertem Eisen bei Rotglut mit überhitztem Wasserdampf (als Regenerativverfahren) und durch Elektrolyse.

Gruppe	Gewinnung	Art	Unterarten	Heizwert kcal/Nm³	Sonstiges
Sonstige Gase	Verschiedene Verfahren	Azetylen	—	14000	Azetylen wird gebildet durch Zersetzung von Kalziumkarbid mit Wasser oder durch thermisches kurzzeitiges Erhitzen von Kohlenwasserstoffen (Methan).
		Destillations- und Krackgase	Destillationsgase	12000—18000	Destillationsgase werden bei der Destillation von Teeren und Ölen abgespalten.
			Krackgase	15000—20000	Krackgase entstehen bei der thermischen Zersetzung von höhermolekularen Kohlenwasserstoffen (Krackung) zu Benzin als Nebenerzeugnis.
Gase aus flüssigen Brennstoffen	Durch Verdampfung	Kaltluftgase	Benzin-Luftgas Benzol-Luftgas	2000—3500	Kaltluftgase werden erhalten durch Beladen von Luft mit Benzin- oder Benzoldämpfen bis oberhalb der oberen Explosionsgrenze.
		Spaltgase	Ölgas	8000—11000	Ölgas wird erzeugt durch Zersetzung von Gasöl oder Urteer im Regenerativ- oder Rekuperativverfahren bei etwa 700—800°.

Allgemeine Betriebsbezeichnungen.

Art	Unterart	Bemerkungen
Rohgas	—	Ungereinigtes Gas (Produktionsgas)
Betriebsgas	—	Teilweise gereinigtes Gas
Reingas	—	Vollständig gereinigtes Gas, bei Generatorgas auch Kaltgas genannt.
Stadtgas	Steinkohlengas, Koksofengas, Braunkohlengas oder Gemische derselben mit Wassergasen, Schwachgasen oder sonstigen.	Stadtgas, früher als Leuchtgas bezeichnet, dient zur Versorgung von Haushalt, Gewerbe und Industrie mit gasförmigem Brennstoff.
Ferngas		
Zechengas (Kokereigas) .		

c) Deutsche Richtlinien für die normale Beschaffenheit des Stadtgases.

Als Richtlinien für die Gasbeschaffenheit, die für deutsche Gaswerke als normal zu gelten haben und für welche die Gasgeräte gebaut

werden, hat der DVGW auf seinen Jahresversammlungen in Krumm-
hübel (GWF 1921, S. 857), Köln (GWF 1925, S. 387), Kassel (GWF
1927, S. 639, 797) folgende aufgestellt:

Das von den Gaswerken abzugebende Mischgas soll als normal
betrachtet werden, wenn es einen oberen Heizwert von 4000 bis
4300 kcal/m³ (0°, 760 Torr. trocken) besitzt. Dieser Heizwert soll durch
Zusatz brennbarer Gase zum Steinkohlengas und nicht durch über-
mäßige Beimischung von stickstoff- und kohlensäurereichen Gasen
(Rauchgas, Generatorgas) erreicht sein.

Das spezifische Gewicht des Mischgases (Luft = 1) soll 0,5 nicht
überschreiten.

Sowohl für das gekennzeichnete Mischgas, als auch für Steinkohlengas sollte nicht über einen Gehalt von 12% unbrennbarer Gase
(Kohlensäure und Stickstoff) hinausgegangen werden (Bestimmungs-
genauigkeit für Inertgas $< 0,2\%$).

Sauerstoffgehalt. Zulässiger Gehalt keinesfalls über 0,5%, tunlichst nicht über 0,2 Vol.-%.

Reinheit von Schwefelwasserstoff, Ammoniak und Teer ist unbe-
dingt zu fordern.

Schwefelwasserstoff soll quantitativ entfernt sein. (Mit Rück-
sicht auf eine nachträgliche Bildung von H_2S in langen Leitungen und
auf die Wirtschaftlichkeit bestimmter Reinigungsverfahren kann bei
Fernlieferungen im äußersten Fall ein Gehalt von 2 g/100 m³ zugelassen
werden.)

Ammoniak muß bis auf 0,5 g/100 m³ entfernt sein.

Naphthalin: Im Interesse gesicherter Fortleitung muß der Naphthalingehalt unter 5 g/p je 100 m³ betragen, wobei p den Anfangsdruck
in at bedeutet.

Unerläßlich ist es vor allem, daß jedes Gaswerk dauernde Gleichmäßigkeit seines Gases in bezug auf Heizwert, spez. Gewicht und Druck
anstrebt. Als Anforderungen an die Gleichmäßigkeit der Gaszusammen-
setzung gelten:

Heizwertschwankungen: a) des absoluten Heizwertes um nicht
mehr als $\pm$ 25 kcal; b) der Meßergebnisse $\pm$ 75 kcal; Spezifisches
Gewicht: Zulässige Schwankungen a) des absoluten Wertes $\pm$ 0,012;
b) der Meßergebnisse $\pm$ 0,015. (Das spez. Gewicht ist auf trockenes
Gas gegenüber trockener Luft von 0°, 760 mm zu beziehen.)

$$\text{Wird auf Konstanz der Wobbe-Zahl} = \frac{\text{ob. Heizwert}}{\sqrt{\text{Dichte}}} = k \text{ ge-}$$

arbeitet, so kann eine Schwankung von k um 1,5% zugelassen werden.

Die vorstehenden Richtlinien legen brenntechnische Eigenschaften
des Stadtgases noch nicht fest.

Für die Beurteilung des brenntechnischen Gebrauchswertes haben Czako und Schaak[1]) daher zunächst die Messung der Ottzahl vorgeschlagen, wobei die zulässigen Schwankungen des Flackerpunktes ± 2 und des Rückschlagpunktes ± 2,5 Skalenteile nicht überschreiten sollen. Eine verbesserte Ausführungsform dieses Gerätes stellt der Prüfbrenner[2]) der obengenannten Verfasser dar.

Eine praktische Vergleichszahl für den brenntechnischen Gebrauchswert stellt ferner die Verbindung der Ottzahl mit der Wobbezahl zu der Czakoschen Kennziffer dar:

$$\text{Kennziffer} = \frac{\text{Wobbezahl}}{\text{Ottzahl (Prüfbrennerzahl)}}.$$

Vorschläge für eine Erweiterung der Richtlinien nach brenntechnischen Gesichtspunkten durch Einbeziehung der spezifischen Flammenleistung haben Brückner und Löhr[3]) ausgearbeitet.

d) Richtlinien für die Gasbeschaffenheit in anderen Ländern.

Dänemark.

Allgemeine Richtlinien für die Gasbeschaffenheit bestehen nicht; der obere Heizwert beträgt zumeist 4500 bis 5000 kcal/Nm³.

Frankreich.

Der obere Heizwert soll 4500 kcal/Nm³ betragen. Der Kohlenoxydgehalt soll 15% nicht überschreiten. Das Gas soll praktisch frei von Schwefelwasserstoff sein.

Großbritannien.

Das Stadtgas soll frei von Schwefelwasserstoff sein (Prüfung mit Bleiazetatpapier).

Der Heizwert des abgegebenen Stadtgases muß öffentlich (in der Gazette von London, Edingburgh oder Dublin) bekanntgemacht werden (Bezugsbasis B. Th. U./cbf. bei 15,5°C, 762 Torr, feucht). Das Gas soll sicher brennen und einen guten thermischen Wirkungsgrad erhalten lassen. Der niedrigste zulässige Gasdruck im Rohrnetz darf 25 mm nicht unterschreiten.

Holland.

Zur Verteilung gelangt Mischgas (Steinkohlengas + karburiertes oder Blauwassergas).

---

[1]) GWF **76**, 153 (1933).
[2]) Hersteller Pollux G. m. b. H., Ludwigshafen a. Rh.
[3]) GWF **79**, 17 (1936).

Beurteilungswerte für das Stadtgas:

	sehr niedrig	niedrig	ziemlich niedrig	durch-schnittlich	ziemlich hoch	hoch	sehr hoch
Oberer Heiz-wert kcal/m³ (15, 760 tr.)	< 4000	4000—4050	4050—4150	4150—4300	4300—4500	4500—4700	> 4700
Inertgas-gehalt % ($N_2 + CO_2$) .	< 7	7—9	9—11	11—15	15—18	18—21	> 21
Sauerstoff-gehalt % .	< 0,11	0,11—0,17	0,18—0,24	0,25—0,34	0,35—0,44	0,45—0,54	> 0,54
Spez. Gewicht (Luft = 1) .	< 0,400	0,40—0,44	0,44—0,48	0,48—0,51	0,51—0,54	0,54—0,56	> 0,56
Schwefelge-halt g/100m³	< 10	10—14	15—24	25—34	35—44	45—59	> 59
Ammoniakge-halt g/100m³	< 0,10	0,10—0,19	0,20—0,29	0,30—0,39	0,40—0,49	0,50—0,59	> 0,59

In einem Versorgungsgebiet zulässige Schwankungen im

	Heizwert ± kcal/m³	spez. Gewicht ±
sehr gering	< 20	< 0,01
gering	20 bis 29	0,01 bis 0,013
ziemlich gering	30 » 39	0,014 » 0,017
durchschnittlich	40 » 54	0,018 » 0,022
ziemlich hoch	55 » 64	0,023 » 0,026
hoch	65 » 75	0,026 » 0,03
sehr hoch	< 75	< 0,03

Das Gas soll praktisch frei von Schwefelwasserstoff sein. Bei einer Prüfung mit Bleiazetatpapier (hergestellt durch Tränken von Filtrierpapier mit einer 6,5proz. Bleiazetatlösung) darf innerhalb 5 Minuten keine Braunfärbung erkennbar sein (Strömungsgeschwindigkeit des Gases > 100 l/h).

Festlegungen über die zulässige Höhe des Gehaltes des Gases an Cyanwasserstoff bestehen nicht.

Der Naphthalingehalt des Gases soll zwei Drittel des Sättigungsdruckes der mittleren Rohrnetztemperatur nicht überschreiten.

Zulässiger Naphthalingehalt des Stadtgases (g/100 m³).

Januar . . 4	April . . . 8	Juli 16	Oktober . 8
Februar . 4	Mai . . . 10	August . . . 16	November . 4
März . . 4	Juni . . . 14	September . 15	Dezember . 4

Bei einer Verdichtung des Gases soll der Naphthalingehalt umgekehrt proportional der Druckerhöhung in at erniedrigt werden.

Der Gasdruck des Versorgungsnetzes soll betragen:

$$p \ (\text{mm WS}) = 45\,000 \sqrt[3]{\frac{100\,\gamma}{c}}.$$

γ = spezifisches Gewicht des Gases $c = H_0$ kcal/m³ (15, 760 tr.).

Brückner, Gasindustrie.   7

Normaler Druck im Rohrnetz.

Ob. Heizwert des Gases kcal/m³ (15, 760 tr.)	Spezifisches Gewicht des Gases											
	0,38	0,40	0,42	0,44	0,46	0,48	0,50	0,52	0,54	0,56	0,58	0,60
4000	69	70	73	75	76	78	80	81	83	84	86	87
4050	68	70	72	74	75	77	79	80	82	83	85	86
4100	68	69	71	73	74	76	78	79	81	82	84	85
4150	67	69	70	72	73	75	77	78	80	81	83	84
4200	66	68	69	71	73	74	76	77	79	80	82	83
4250	65	67	69	70	72	73	75	76	78	79	81	82
4300	65	66	68	69	71	72	74	75	77	78	80	81
4350	64	65	67	69	70	72	73	74	76	77	79	80
4400	63	65	66	68	69	71	72	74	75	76	78	79
4450	62	64	66	67	69	70	71	73	74	76	77	78
4500	62	63	65	66	68	69	71	72	73	75	76	77
4550	61	63	64	66	67	68	70	71	73	74	75	77
4600	60	62	63	65	66	68	69	70	72	73	74	76
4650	60	61	63	64	66	67	68	70	71	72	74	75
4700	59	60	62	63	65	66	68	69	70	72	73	74

Schweiz.

Der durchschnittliche obere Heizwert des abgegebenen Gases, berechnet auf 0°, 760 mm Barometerstand, trocken, soll 5000 kcal betragen und möglichst wenig schwanken.

Die Zusammensetzung des Gases soll möglichst gleichmäßig sein. Der durchschnittliche Gehalt an Kohlensäure, Stickstoff und Sauerstoff soll zusammen nicht mehr als 12% betragen.

Das Gas soll praktisch ammoniak- und schwefelwasserstofffrei sein.

Bei Meinungsverschiedenheiten ist der Durchschnitt während einer Periode von mindestens vier Tagen zu bestimmen.

Vereinigte Staaten von Nordamerika und Kanada.

Zur Stadtgasversorgung werden folgende Gase herangezogen:

Gasart	ob. Heizwert kcal/m³	spez. Gewicht	Verteilungsdruck mm WS
Erdgas	10 000	0,65	178
Koksofengas	4 760	0,38	89
Karburiertes Wassergas . .	3 560	0,70	89
Propan	22 200	1,55	280
Butan-Luft-Gas	4 670	1,16	127

Das Gas soll praktisch frei sein von Schwefelwasserstoff, der Gehalt an organisch gebundenem Schwefel soll 68,5 g/100 m³, an Ammoniak 22,9 g/100 m³ nicht überschreiten.

e) Durchschnittliche chemische Zusammensetzung der festen Brennstoffe (auf asche- und wasserfreie Substanz bezogen).

Brennstoff	C %/₀	H %/₀	O %/₀	N %/₀	S %/₀	Flücht. Bestandteile %/₀	Heizwert kcal/kg
Holz	48—52	5,8—6,2	43—45	0,05—0,1	—	70—78	4500—4800
Torf							
Fasertorf	49—52	5—6	40—45	1	0,1—1	55—60	5000—5400
Modertorf	52—58	6—7	32—40	2—3	0,1—1	50—55	5200—5600
Lebertorf	57—60	6—8	28—35	3—4	0,1—1	45—50	5500—5800
Braunkohle							
Erdige Braunkohle	65—70	5—8	18—30	0,5—1,5	0,5—3	45—60	7200—7400
Lignit	65—70	5—6	25—30	0,5—1,5	0,5—3	35—50	6200—6700
Pechkohle	73—76	5,5—7	12—18	1—2	0,5—3	40—75	7000—8600
Steinkohle							
Flammkohle . . .	75—80	4,5—5,8	15—20	1—1,5	0,5—1,5	40—55	7600—7800
Gasflammkohle .	80—85	5,0—5,8	10—15	1—1,5	0,5—1,5	35—45	7800—8300
Gaskohle	82—86	5—5,5	8—12	1—1,5	0,5—1,5	30—38	8300—8600
Kokskohle	85—88	4,5—5,5	6—10	1—1,5	0,5—1,5	18—32	8600—8700
Eßkohle	87—90	3,5—5,0	4—6	1—1,5	0,5—1,5	12—18	8600—8700
Magerkohle . . .	90—94	3—4,5	3—4	1	0,5—1	8—12	8700
Anthrazit	94—97	1—2,5	1—2	0,5—1	0,5	1—5	8700—8750

f) Einteilung der Steinkohlen nach der Koksbeschaffenheit.

Nach Aussehen des Kokses	Sonstige Bezeichnung der Kohlen	Koksbeschaffenheit
Backkohle	Kokskohle, Gaskohle	geschmolzen, gebläht
Backende Sinterkohle	Eßkohle, Gasflammkohle	gesintert bis geschmolzen zuweilen etwas gebläht
Sinterkohle	Gasflammkohle	gesintert, nicht gebläht
Gesinterte Sandkohle	Magerkohle, Flammkohle	schwach gesintert
Sandkohle	Anthrazit, Flammkohle	pulvrig

g) Petrographische Bestandteile der Steinkohle.

Bezeichnung		Kennzeichen	Verkokungsverhalten
Glanzkohle	Vitrit	ebener, kantiger oder muscheliger Bruch	gut verkokungsfähig
Mattkohle	Clarit	mattes Aussehen, unregelmäßiger Bruch	mäßig verkokungsfähig
	Durit		
Übergangsstufen	Halbfusit	mikroskopisch als Einschlüsse und Einlagerungen erkennbar	wenig verkokungsfähig
	Opakmasse		
	Harzeinschlüsse		
Faserkohle	Fusit	holzkohleähnliche Struktur	bleibt nahezu unverändert
Mineralbestandteile	Brandschiefer	> 20%/₀ Mineralbestandteile	—
	Berge	—	

*7

h) Durchschnittliche Zusammensetzung von Koksen (wasserfrei).

Koks	C %	H %	O + N %	S %	Asche %
Kammerofenkoks	86—90	0,3—0,4	1,4—1,9	0,5—0,8	6—10
Retortenkoks	84—88	0,3—0,4	1,4—1,9	0,5—0,8	6—10
Hochofenkoks	86—90	0,3—0,4	1,4—1,9	0,5—0,8	6—10
Gießereikoks	88—91	0,25—0,35	0,8—1,6	0,5—0,8	6—10
Torfkoks	88—91	2,0—2,3	6,5—7,2	0,2—0,3	2—3,5
Holzkohle, weich	68—72	4,5—5	22—26	—	1
Holzkohle, hart	80—82	3,5—4	14—16	—	1
Meilerkohle	86—90	2,7—3	7—10	—	1
Braunkohlenschwelkoks .	70—76	3—3,5	8—12	0,5—1,5	10—25
Steinkohlenschwelkoks .	80—85	2,5—3	5—6	0,5—1,0	6—10
Mitteltemperaturkoks . .	82—88	1—2	2—3	0,5—1,0	6—10

Der Heizwert von Hochtemperaturkoks beträgt mit großer Annäherung 7950 kcal/kg Reinkoks (asche- und wasserfreie Substanz).

i) Durchschnittliche Zusammensetzung der Asche von Steinkohle.

Bestandteil	%	Bestandteil	%	Bestandteil	%
Al_2O_3	15—30	MgO	1—8	SO_3	1—2,5
Fe_2O_3	12—22	$K_2O + Na_2O$	1—5	P_2O_5	0,2—0,8
CaO	1,5—15	SiO_2	30—50	Sonstige	0,5—3

k) Schmelzverhalten von Kohlenaschen.

unterhalb 1200⁰ . . . . leichtflüssig

1200 bis 1350⁰ . . . . flüssig

1350 » 1500⁰ . . . . strengflüssig

1500 » 1600⁰ . . . . sehr strengflüssig

1600 » 1700⁰ . . . . nahezu feuerfest

oberhalb 1700⁰ . . . . feuerfest.

Schmelzpunkte von Aschen von Ruhrkohlen.
(Nach Schulte, Ztschr. VDI 68, 1021, 1924.)

Gasflammkohle . 1145 bis 1360⁰   Fettkohle . 1000 bis 1350⁰

Gaskohle . . . . 1150 » 1350⁰   Magerkohle 1030 » 1340⁰

21. Heizwert (Verbrennungswärme).

a) Heizwert der Gase.

1. Begriff.

Der obere Heizwert (Verbrennungswärme) eines Gases stellt die Wärmemenge dar, die bei der vollständigen Verbrennung einer Einheit (kmol, kg oder Nm³) des trockenen Gases gebildet wird, wenn nach der Verbrennung die Verbrennungsprodukte auf die Ausgangstemperatur zurückgekühlt werden und sich das bei der Verbrennung gebildete Wasser in flüssigem Zustand befindet.

Der untere Heizwert, oft auch nur als Heizwert bezeichnet, ist gegenüber dem oberen Heizwert um die Verdampfungswärme des bei der Verbrennung gebildeten Wassers niedriger. Als Verdampfungswärme ist der bei 0° gültige Wert von 597 kcal/kg einzusetzen. Ein Unterschied zwischen dem oberen und unteren Heizwert besteht somit nur bei Wasserstoff enthaltenden Gasen, bei technischen Gasen beträgt er im allgemeinen 10 bis 15% des oberen Heizwertes.

Die gesetzliche Wärmeeinheit (lt. Reichsgesetz vom 7. 8. 1924) bildet die Kilokalorie, d. h. die Wärmemenge, die zum Erwärmen von 1 kg Wasser bei 760 Torr von 14,5 auf 15,5° erforderlich ist. Das Hundertfache dieser Wärmeeinheit deckt sich genau mit der Wärmemenge, die zum Erwärmen von 1 kg Wasser unter Normbedingungen von 0 auf 100° C benötigt wird. (Die früher gebräuchliche 0°-kcal beträgt das 1,0050fache der 15°-kcal.)

Bei wärmetechnischen Rechnungen ist je nach der Art des Verbrennungsverlaufs der obere oder untere Heizwert einzusetzen. Zumeist befindet sich das Verbrennungswasser in den Verbrennungsabgasen in dampfförmigem Zustand, so daß nur der untere Heizwert ausgenützt wird.

Der obere bzw. untere Heizwert von Gasgemischen setzt sich additiv zusammen aus den Heizwerten der Einzelgase.

Für die Umrechnung der Heizwerte bei konstantem Druck (H_p) auf Heizwerte bei konstantem Volumen (H_v) gilt je Mol die Beziehung

$$H_v - H_p = n \cdot R \cdot T = 1{,}986 \cdot n \cdot T,$$

worin T die absolute Temperatur und n die Zahl angibt, wieviel Mole nach der Verbrennung mehr vorhanden sind als vor der Verbrennung.

2. Heizwert des Kohlenstoffs und der Gase (DIN 1872).

Stoff		Molekulargewicht M	Molvolumen bei 0° und 760 Torr Nm³ kmol	Heizwerte					
				H_o kcal kmol	H_u kcal kmol	H_o kcal kg	H_u kcal kg	H_o kcal Nm³	H_u kcal Nm³
Kokskohlenstoff bei Verbrennung zu CO_2 . . .	C	12,000		97000	97000	8080	8080	—	—
bei Verbrennung zu CO	C	12,000		29300	29300	2440	2440	—	—
Kohlenstoff (β-Graphit) bei Verbrennung zu CO_2 . . .	C	12,000		94300	94300	7860	7860	—	—
bei Verbrennung zu CO	C	12,000	22,40	26600	26600	2220	2220	—	—
Kohlenoxyd . . .	CO	28,00		67700	67700	2420	2420	3020	3020

Stoff		Molekulargewicht M	Molvolumen bei 0° und 760 Torr Nm³ kmol	Heizwerte					
				H_o kcal/kmol	H_u kcal/kmol	H_o kcal/kg	H_u kcal/kg	H_o kcal/Nm³	H_u kcal/Nm³
Wasserstoff . . .	H_2	2,0156	22,43	68350	57590	33910	28570	3050	2570
Methan	CH_4	16,03	22,36	212800	191290	13280	11930	9520	8550
Azetylen	C_2H_2	26,02	22,22	313000	302240	12030	11620	14090	13600
Äthylen	C_2H_4	28,03	22,24	340000	318490	12130	11360	15290	14320
Äthan	C_2H_6	30,05	22,16	372800	340530	12410	11330	16820	15370
Propylen	C_3H_6	42,05	21,96	495000	462730	11770	11000	22540	21070
Propan	C_3H_8	44,06	21,82	530600	487580	12040	11070	24320	22350
Butylen	C_4H_8	56,06	(22,4)	652000	608980	11630	10860	(29110)	(27190)
Normal-Butan . .	C_4H_{10}	58,08	21,49	687900	634120	11840	10920	32010	29510
Iso-Butan	»	»	21,77	686300	632520	11820	10890	31530	29050
Benzoldampf . . .	C_6H_6	78,05	(22,4)	783000	750730	10030	9620	(34960)	(33520)
Methylchlorid . .	CH_3Cl	50,48	21,88	170000	153870	3370	3050	7770	7030
Ammoniak	NH_3	17,031	22,08	91000	74870	5340	4400	4120	3390
Schwefelwasserstoff bei Verbrennung zu SO_2 . . .	H_2S	34,08	22,14	136000	125240	3990	3680	6140	5660
bei Verbrennung zu SO_3 . . .	H_2S	34,08	22,14	159500	148740	4680	4360	7200	6720

3. Heizwert verschiedener Kohlenstoffarten
(nach Roth, Ztschr. angew. Chem. **41**, 277, 1928).

Kohlenstoffart	spez. Gewicht	Heizwert kcal/kg
Diamant	3,514	7873
α — Graphit	2,258±0,002	7832
β — Graphit	2,220±0,002	7856
Glanzkohle	2,07	8051
Glanzkohle	2.00	8071
Glanzkohle	1,86	8148

b) Heizwert verschiedener organischer Stoffe.

Stoff	Heizwert H_o kcal/kg	Heizwert H_u kcal/kg	Stoff	Heizwert H_o kcal/kg	Heizwert H_u kcal/kg
Äther	8850	8150	Motorenbenzol .	10500	10100
Äthylalkohol .	7140	6440	Methanol . . .	5365	4665
Benzin . . .	10500—11500	9980—10700	Naphthalin . .	9600	9260
Benzoesäure (Eichsubstanz)	6324	6060	Paraffinöl . . .	10400—11000	9800—10500
			Pentan	11620	10720
Benzol	10025	9615	Petroleum . . .	10000—11000	9500—10400
Braunkohlenteeröl	10000	9400	Phenol	7790	7445
Erdöl	10000—10500	9500—10000	Pyridin	8415	8075
Gasöl	10600—10900	10100—10400	Schwefelkohlenstoff	3400	—
Gelböl	9950—10250	9450—9750	Solaröl	10600	10000
Glyzerin . . .	4315	3845	Spiritus (35%) .	6710	5985
Heizöl	10100—10400	9600—9900	Steinkohlenteer .	8100—8800	7800—8400
Hexan	11550	10670	Steinkohlenteeröl	9300—9600	9000—9300
Kreosotöl . . .	9000	8600	Toluol	10170	9700
Masut	10700	10200	Xylol	10230	9720

22. Luftbedarf und Verbrennungsprodukte.

Die Grundlagen bei der wärmetechnischen Betrachtung von Verbrennungsvorgängen bilden die Berechnung des Luftbedarfs und des Abgasvolumens sowie der Abgaszusammensetzung. Jedem Brennstoff ist für seine vollständige Verbrennung ein bestimmter Luftbedarf eigen, der sich aus seiner Zusammensetzung mühelos errechnen läßt. Daraus ergibt sich ferner das Abgasvolumen bzw. dessen Zusammensetzung.

Für die Durchführung der Berechnung verwendet man hierbei zweckmäßigerweise ein Schema, in dem der Luft- bzw. Sauerstoffbedarf bei technischen Gasgemischen jeweils für den der Einzelgase, bei festen und flüssigen Brennstoffen für deren elementare Einzelbestandteile berechnet wird. Beispiele unter Zugrundelegung eines Stadtgases und einer Steinkohle sollen dies näher erläutern. Bei Gasen liegt eine Unsicherheit bei den ungesättigten Kohlenwasserstoffen, die aus einem Gemisch von Äthylen, Propylen, Azetylen und den Dämpfen aromatischer Kohlenwasserstoffe bestehen. Bei diesen legt man ähnlich wie bei der Berechnung des Heizwertes und des spezifischen Gewichtes mit genügender Annäherung Propylen zugrunde. Nicht vollgültig ist diese vereinfachende Annahme bei vollständiger Benzolauswaschung, da in diesem Fall das Mittel des Luftbedarfs etwas niedriger ist als der des Propylens.

Bei festen und flüssigen Brennstoffen errechnet man deren Luftbedarf aus ihrer Elementarzusammensetzung auf folgender Grundlage: 1 Mol Kohlenstoff (C) = 12 kg benötigt zu seiner vollkommenen Verbrennung 1 Mol Sauerstoff (= 22,4 Nm³), wobei das gleiche Volumen Kohlendioxyd (= 22,4 Nm³) gebildet wird[1]. 1 kg Kohlenstoff benötigt somit 1,867 Nm³ Sauerstoff und bildet 1,867 Nm³ Kohlendioxyd. Bei dem im Brennstoff enthaltenen Sauerstoff nimmt man an, daß dieser mit dem Wasserstoffgehalt Wasser bildet. Dies ist stets möglich, da der Wasserstoffgehalt selbst einer jungen, sehr sauerstoffreichen Braunkohle hierfür ausreichend ist. Da nach der Gleichung

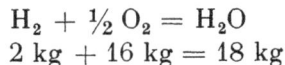

$$H_2 + \tfrac{1}{2} O_2 = H_2O$$
$$2 \text{ kg} + 16 \text{ kg} = 18 \text{ kg}$$

auf je 1 kg Wasserstoff 8 kg Sauerstoff entfallen, wird von dem Gesamtwasserstoff zunächst der zur Wasserbildung aus dem Sauerstoffgehalt des Brennstoffs benötigte Anteil (O/8) abgezogen. Der restliche sog. »disponible« Wasserstoff (H — O/8) erfordert daraufhin zu seiner Verbrennung Luftsauerstoff, und zwar gemäß der obigen Formel je Gewichtsteil Wasserstoff (kg) $\tfrac{1}{4}$ Mol = 5,6 Nm³ Sauerstoff, wobei $\tfrac{1}{2}$ Mol = 11,2 Nm³ Wasserdampf entstehen.

---

[1] Entgegen der früheren Annahme beträgt das Molvolumen der Gase nicht genau 22,412 Nm³, sondern dies trifft mit großer Annäherung nur bei den Gasen zu, deren kritische Temperatur unterhalb Raumtemperatur liegt, bei den anderen ist es zum Teil erheblich niedriger (vgl. Zahlentafel auf S. 3).

Der verbrennliche Schwefel des Brennstoffes erfordert nach der Gleichung

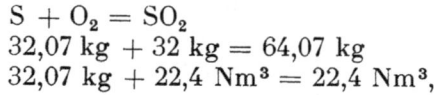

$$S + O_2 = SO_2$$
$$32{,}07 \text{ kg} + 32 \text{ kg} = 64{,}07 \text{ kg}$$
$$32{,}07 \text{ kg} + 22{,}4 \text{ Nm}^3 = 22{,}4 \text{ Nm}^3,$$

d. h. je Gewichtsteil 0,698 Nm^3 Sauerstoff, während die gleichen Raumteile Schwefeldioxyd gebildet werden. Infolge seines sauren Charakters wird für die Abgasanalyse im allgemeinen der Gehalt an Schwefeldioxyd dem des an Kohlendioxyd zugezählt, da beide Gase bei der Gasanalyse ebenfalls zusammen erfaßt werden.

Der Stickstoffgehalt des Brennstoffs wird bei der Verbrennung gasförmig abgespalten, und zwar bilden sich nach der Avogadroschen Lehre je kg Stickstoff 0,80 Nm^3, die mit in die Verbrennungsprodukte übergehen.

Beispiele:

a) Berechnung des Luftbedarfs und Abgasvolumens bei Verbrennung von Stadtgas.

Zusammensetzung des Gases	Sauerstoffbedarf je Nm³	Es werden gebildet		
		Nm³ CO_2	Nm³ H_2O	Nm³ N_2
CO_2 . . . 4,0%	—	0,040	—	—
sKW . . 2,0%	0,0900	0,060	0,060	3,009
CO . . . 21,5%	0,1075	0,215	—	(dem Sauerstoff entsprechender Luftstickstoff)
H_2 . . . 51,5%	0,2575	—	0,515	
CH_4 . . . 17,0%	0,3400	0,170	0,340	
N_2 . . . 4,0%	—	—	—	0,04
100,0%	0,7950	0,485	0,915	3,049

Luftbedarf: 0,795 Nm^3 O_2
 3,009 » N_2
 ─────────────────
 3,804 Nm^3 Luft/Nm^3 Gas

Abgasvolumen: 0,485 Nm^3 CO_2
 0,915 » H_2O (Dampf)
 3,049 » N_2
 ─────────────────
 4,449 Nm^3 Abgasvolumen

Abgaszusammensetzung: 10,9% CO_2
(feucht) 20,6% H_2O (Dampf)
 68,5% N_2
 ─────────────
 100,0%

desgl. trocken: 13,7% CO_2
 86,3% N_2
 ─────────────
 100,0%.

Taupunkt der Abgase.

Für die Berechnung des Taupunktes der Abgase wird deren Gehalt an Wasserdampf von % auf den Partialdruck (Torr) umgerechnet und daraufhin in Zahlentafel auf S. 48 aus diesem Sättigungsdruck die zugehörige Taupunktstemperatur abgelesen.

Im vorigen Beispiel entsprach der Teildruck des Wasserdampfes im feuchten Abgas 20,6% bzw.

$$\frac{20,6}{100} = \frac{x}{760} \qquad x = 156,6,$$

einem Teildruck von 156,6 Torr. Die zugehörige Sättigungs-(Taupunkts-)Temperatur des Abgases ergibt sich somit zu 61° C.

Die im vorhergehenden zugrunde gelegten Rechnungen gelten für theoretisch vollkommene Verbrennung. Bei Anwendung von Luftüberschuß wird im Abgas Sauerstoff gefunden.

Die Luftüberschußzahl U bedeutet

$$U = \frac{\text{Zur Verbrennung angewendetes Luftvolumen}}{\text{Theoretisch erforderliches Luftvolumen}}$$

bzw., da der Stickstoffgehalt der Luft 79,1% beträgt,

$$U = \frac{\text{Im angewandten Luftvolumen enthaltener Stickstoff}}{\text{Im theoretischen Luftbedarf enthaltener Stickstoff}}.$$

Für die Berechnung der Luftüberschußzahl U berechnet man das dem im Abgas enthaltenen Sauerstoff o_1 zugehörige Stickstoffvolumen n_1. Der Unterschied von Gesamtstickstoff n abzüglich n_1 ergibt das bei theoretisch erforderlicher Luftmenge als Luft zugeführte Stickstoffvolumen n_2 ($n_2 = n - n_1$).

Unter Annahme der folgenden Abgaszusammensetzung: CO_2 8,5%, O_2 6,8%, N_2 84,7% beträgt je 100 Vol. Abgas das dem überschüssigen Sauerstoff o_1 entsprechende Stickstoffvolumen $n_1 = 6,8 \frac{79,1}{20,9} = 25,7 \, \text{Vol.}$

Nach Abzug von n_1 vom Gesamtstickstoff $n = 84,7$ Vol. verbleibt das der theoretisch erforderlichen Luftmenge zugehörige entsprechende Stickstoffvolumen $n_2 = n - n_1 = 59,0 \, \text{Vol.}$ Daraus errechnet sich das theoretisch erforderliche Luftvolumen zu $59 \cdot \frac{100}{79,1} = 74,6$ Vol. Die Luftüberschußzahl U errechnet sich daraus zu

$$U = \frac{74,6 + 6,8 + 25,7}{74,6} = \frac{107,1}{74,6} = 1,44.$$

Bei dieser Art der Rechnungsdurchführung wird der Eigenstickstoffgehalt des Brennstoffs vernachlässigt. Diese Annäherungsrechnung gilt daher nur bei stickstoffarmen Brenngasen und festen Brennstoffen, nicht dagegen bei Luftgasen und ähnlich zusammengesetzten. Wenn infolge eines höheren Stickstoffgehaltes des Brennstoffs diese Annäherungsrechnung nicht durchführbar ist, muß von dem Gesamtstickstoff des Abgases zunächst der dem Kohlenstoffgehalt desselben entsprechende Stickstoff (gemäß der Brennstoffzusammensetzung) in Abzug gebracht werden. Daraufhin kann die oben angegebene Rechnungsdurchführung in gleicher Weise vorgenommen werden.

Neben der Kenntnis der Luftüberschußzahl ist zuweilen noch die Verdünnungszahl V von Interesse.

$$V = \frac{\text{Vorhandenes Rauchgasvolumen}}{\text{Bei theoretischer Verbrennung entwickeltes Rauchgasvolumen}}$$

Die Zahlenwerte für Luftüberschußzahl und Verdünnungszahl sind im allgemeinen nahezu gleich.

b) Berechnung des Luftbedarfs und Abgasvolumens bei Verbrennung von Steinkohle.

Zusammensetzung des Brennstoffs	Sauerstoffbedarf Nm³/100 kg Brennstoff	Es werden gebildet		
		Nm³ CO_2	Nm³ H_2O	Nm³ N_2
C . . . 85,0%	$\frac{85,0}{0,537} = 158,3$	158,3	—	
H . . . 4,6%[1]	$3,55\frac{22,4}{4} = 19,9$	—	$4,6\frac{22,4}{2} =$ 51,5	676,7
O . . . 8,4% verbr. S. 0,8%	— 0,56	— 0,56	— —	—
N . . . 1,2%	—	—	—	0,96
100,0%	178,8	158,9	51,5	677,7

[1] Disponibler Wasserstoff: $4,6 - \frac{8,4}{8} = 3,55\%$.

Luftbedarf:

178,8 Nm³ O_2
676,7 » N_2
855,5 Nm³ Luft/100 kg Brennstoff

Abgasvolumen:

158,9 Nm³ CO_2
51,5 » H_2O (Dampf)
677,7 » N_2
888,1 Nm³ Abgasvolumen

Abgaszusammensetzung: (feucht)

17,9% CO_2
5,8% H_2O (Dampf)
76,3% N_2
100,0%

desgl. trocken:

19,0% CO_2
81,0% N_2
100,0%.

Kohlendioxydgehalt und mittlere trockene Rauchgasmenge bei der Verbrennung von festen Brennstoffen in Abhängigkeit von der Luftüberschußzahl[1].

(Bezogen auf Reinkohle.)

		Luftüberschußzahl															
		1,0	1,1	1,2	1,3	1,4	1,5	1,6	1,7	1,8	1,9	2,0	2,2	2,4	2,6	2,8	3,0
Koks . . .	CO_2 %	20,7	18,8	17,2	15,9	14,8	13,8	12,9	12,2	11,5	10,9	10,4	9,4	8,6	8,0	7,4	6,9
	V Nm³/kg	8,73	9,61	10,48	11,36	12,23	13,11	13,98	14,85	15,73	16,60	17,48	19,23	20,98	22,72	24,47	26,22
Gasflamm-kohle	CO_2 %	18,5	16,8	15,4	14,2	13,2	12,3	11,5	10,8	10,2	9,7	9,2	8,4	7,7	7,1	6,6	6,1
	V Nm³/kg	8,39	9,26	10,12	10,98	11,80	12,71	13,57	14,44	15,30	16,17	17,03	18,76	20,49	22,21	23,94	25,67
Kokskohle	CO_2 %	18,6	16,9	15,5	14,3	13,3	12,4	11,7	11,0	10,4	9,8	9,3	8,5	7,8	7,2	6,7	6,2
	V Nm³/kg	8,71	9,61	10,50	11,40	12,29	13,19	14,08	14,97	15,87	16,76	17,66	19,45	21,24	23,03	24,82	26,61
Eßkohle .	CO_2 %	18,8	17,1	15,7	14,5	13,4	12,5	11,7	11,0	10,4	9,9	9,4	8,6	7,9	7,3	6,7	6,3
	V Nm³/kg	8,84	9,74	10,60	11,56	12,46	13,37	14,27	15,18	16,09	16,99	17,90	19,71	21,52	23,34	25,15	26,96
Anthrazit.	CO_2 %	19,1	17,4	15,9	14,7	13,6	12,7	11,9	11,2	10,6	10,0	9,6	8,7	8,0	7,4	6,8	6,4
	V Nm³/kg	8,89	9,80	10,70	11,61	12,52	13,42	14,33	15,23	16,14	17,01	17,96	19,77	21,58	23,40	25,21	27,02

Die Umrechnung von Reinkohle und trockenem Abgas auf Rohkohle und feuchtes Abgas erfolgt nach der Beziehung

$$V_{Rohkohle} = V \frac{100-(A+W)}{100} + \frac{9 \cdot H + W}{100} \cdot 1{,}244.$$

Darin bedeuten A, W und H den Asche-, Wasser- und Wasserstoffgehalt der Rohkohle.

[1] Ruhrkohlenhandbuch 1932, S. 92.

23. Chemismus der Verbrennungsvorgänge in Flammen.

Der Chemismus der Verbrennung von Gasen wurde früher derart gedeutet, daß Kohlenwasserstoffe zunächst durch teilweise Oxydation in Kohlenoxyd und Wasserstoff übergeführt werden und diese dann die Verbrennungsendprodukte Kohlendioxyd und Wasser bilden.

Man unterschied daher zwischen verbrennungsreifen Gasen (Wasserstoff und Kohlenoxyd) und noch nicht verbrennungsreifen Gasen. Bei den ersteren nahm man an, daß deren Verbrennung glatt nach den Gleichungen

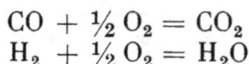

$$CO + \tfrac{1}{2} O_2 = CO_2$$
$$H_2 + \tfrac{1}{2} O_2 = H_2O$$

vonstatten geht.

Es hat sich jedoch gezeigt, daß die Flammenstrahlung keine reine Temperaturstrahlung ist, sondern wahrscheinlich zum Teil auf Chemilumineszenz zurückzuführen ist. Die spektroskopische Untersuchung der Bunsenflammen für das sichtbare und ultraviolette Gebiet hat ergeben, daß die hauptsächlichsten Lichtträger das Radikal OH und bei der Verbrennung von Kohlenwasserstoffen die Radikale CH und C_2 darstellen. Es konnte auf physikalisch-chemischem Wege ferner nachgewiesen werden, daß sämtliche Verbrennungsreaktionen über Ketten verlaufen. Die reaktionskinetische Grundlage derselben bildet die kinetische Gastheorie, die die Zahl der Zusammenstöße zwischen den Molekülen der Reaktionsteilnehmer zu erfassen gestattet. Da aber nur ein kleiner Bruchteil dieser Zusammenstöße tatsächlich zu einer Umsetzung führt, ergibt es sich, daß für diese die Überschreitung eines kritischen Energiewertes durch einen Bruchteil der reagierenden Moleküle notwendig ist. Die Zahl dieser aktivierten Moleküle kann aus dem Temperaturkoeffizienten der Reaktionsgeschwindigkeit berechnet werden.

Für die Verbrennung des Wasserstoffes ergibt sich folgender Verbrennungsmechanismus (Wärmetönungen in cal/g Mol):

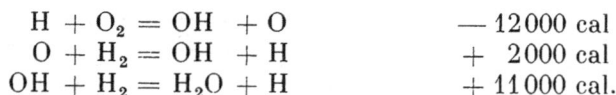

$$H + O_2 = OH + O \qquad\qquad — 12\,000 \text{ cal}$$
$$O + H_2 = OH + H \qquad\qquad +\ \ 2\,000 \text{ cal}$$
$$OH + H_2 = H_2O + H \qquad\qquad + 11\,000 \text{ cal.}$$

Die Verbrennung des Kohlenoxyds verläuft nur in Gegenwart von Wasserdampf oder von zu diesem verbrennendem Wasserstoff, der OH- und H-Radikale gebildet hat, gemäß der Formel:

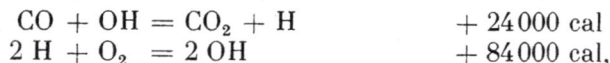

$$CO + OH = CO_2 + H \qquad\qquad + 24\,000 \text{ cal}$$
$$2\,H + O_2 = 2\,OH \qquad\qquad + 84\,000 \text{ cal,}$$

wobei die Bildung neuer OH-Radikale gemäß der letzten Gleichung erfolgt.

Wesentlich verwickelter ist der Abbau der Kohlenwasserstoffe. Schon aus der Summengleichung für die Verbrennung eines Kohlenwasserstoffes, beispielsweise des Propans

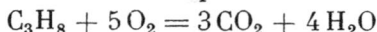

$$C_3H_8 + 5\,O_2 = 3\,CO_2 + 4\,H_2O$$

ist ersichtlich, daß gemäß der kinetischen Gastheorie eine derartige Reaktion unter Beteiligung von 6 Molekülen nicht auf einmal vonstatten gehen kann, sondern daß sie stufenweise abläuft.

Es tritt vielmehr zunächst ein dehydrierender Abbau der Kohlenwasserstoffe ein, der bei Methan infolge des spektroskopisch festgestellten Nachweises des CH-Radikals wahrscheinlich folgende Reaktionsstufen aufweist:

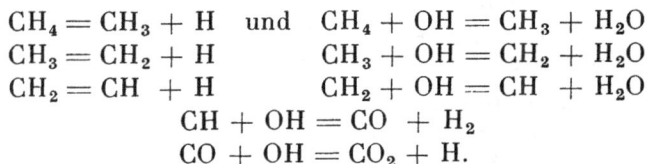

$$CH_4 = CH_3 + H \quad \text{und} \quad CH_4 + OH = CH_3 + H_2O$$
$$CH_3 = CH_2 + H \quad\quad\quad CH_3 + OH = CH_2 + H_2O$$
$$CH_2 = CH \ + H \quad\quad\quad CH_2 + OH = CH \ + H_2O$$
$$CH + OH = CO \ + H_2$$
$$CO + OH = CO_2 + H.$$

Daneben können als Zwischenkörper unter geeigneten Bedingungen ferner Aldehyde wie Formaldehyd und andere Sauerstoffverbindungen, entstehen.

Für höhermolekulare Kohlenwasserstoffe wird ein Reaktionsablauf folgender Art angenommen:

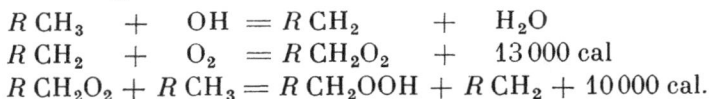

$$R\,CH_3 \ + \ OH \ = R\,CH_2 \quad\quad + \quad H_2O$$
$$R\,CH_2 \ + \ O_2 \ = R\,CH_2O_2 \quad + \quad 13\,000 \ \text{cal}$$
$$R\,CH_2O_2 + R\,CH_3 = R\,CH_2OOH + R\,CH_2 + 10\,000 \ \text{cal}.$$

Diese Vielzahl von neben- und nacheinander verlaufenden Reaktionsmöglichkeiten erschwert in starkem Maße ein tieferes Eindringen in dieses Gebiet.

Messungen über die Brennbedingungen unentleuchteter Flammen hinsichtlich Flammengröße und Flammenvolumen haben Bunte und Lang[1]) veröffentlicht. Ergebnisse, die ein tieferes Eindringen in dieses Gebiet erlauben, konnten dabei jedoch bisher nicht ermittelt werden.

24. Grenztemperaturen von Brenngasen ohne und mit Berücksichtigung von Dissoziationserscheinungen.

Grenztemperaturen ohne Berücksichtigung der Dissoziation der Verbrennungsprodukte.

Bei zahlreichen wärmetechnischen Vorgängen ist neben einer bestimmten Wärmeleistung eine gewisse Temperaturhöhe erforderlich, die bei Gasfeuerungen durch die Flammentemperatur gegeben ist. Die theoretische Verbrennungs- oder Flammentemperatur (Grenztemperatur t_g in °C) ist diejenige Temperatur, die ein Gas bei seiner Verbrennung erreicht, wenn diese ohne jede Wärmeabgabe adiabatisch erfolgt. Bei dieser adiabatischen Verbrennung wird die gesamte freiwerdende Wärme, die dem unteren Heizwert H_u des Brenngases entspricht, von

---

[1]) GWF **74**, 1073 (1931).

den Verbrennungsprodukten aufgenommen, d. h. sie ist gleich dem fühlbaren Wärmeinhalt der Verbrennungsabgase.

Es gilt somit die Gleichung:

$$H_u = t_g \cdot V \cdot c_{p_m} \quad \ldots \ldots \ldots \ldots \quad (1)$$

H_u = unterer Heizwert des Brenngases (kcal/Nm³),
t_g = Grenztemperatur (°C),
V = Abgasvolumen je Nm³ Brenngas (Nm³),
c_{p_m} = mittlere spezifische Wärme der Abgase bei der Grenztemperatur (kcal/Nm³ °C).

Die Wärmekapazität der Abgase (Abgasvolumen V · mittlerer spezifischer Wärme der Abgase c_{pm}) untergliedert sich infolge der Verschiedenheit der spezifischen Wärmen der Einzelgase gemäß

$$V \cdot c_{pm} = V_{CO_2} \cdot c_{p_m CO_2} + V_{H_2O} \cdot c_{p_m H_2O} + V_{N_2} \cdot c_{p_m N_2} \quad \ldots \quad (2)$$

Bei Vorwärmung des Gases bzw. der Luft oder beider Anteile wird die zugeführte Wärme (H_u) ferner vermehrt um deren fühlbaren Wärmeinhalt Q, so daß die Gleichung (1) in allgemeiner Form wie folgt lautet:

$$H_u + Q = t_g \left(V_{CO_2} \cdot c_{p_m CO_2} + V_{H_2O} \cdot c_{p_m H_2O} + V_{N_2} \cdot c_{p_m N_2} \right)$$

bzw. nach t_g aufgelöst:

$$t_g = \frac{H_u + Q}{V_{CO_2} \cdot c_{p_m CO_2} + V_{H_2O} \cdot c_{p_m H_2O} + V_{N_2} \cdot c_{p_m N_2}} \quad \ldots \ldots \quad (3)$$

wobei

$$Q = t_{Gas} \cdot c_{p_m Gas} + t_{Luft} \cdot c_{p_m Luft} \text{ ist.}$$

Da die mittleren spezifischen Wärmen in ihrer Größe temperaturabhängig sind, kann bei Anwendung der Formel 3 die Berechnung der Grenztemperatur nur durch Probieren erfolgen, wenn nicht die mittleren spezifischen Wärmen als Formeln eingesetzt werden (vgl. S. 65).

Durch Einsetzen der entsprechenden Formeln in die obige Gleichung (3) läßt sich diese für die Temperaturbereiche von 1200 bis 2000° bzw. von 1800 bis 2800° wie folgt umformen:

$$H_u + Q = t_g \cdot \left(V_{CO_2} \left(0{,}639 - \frac{120}{t_g} \right) + V_{H_2O} \left(0{,}519 - \frac{120}{t_g} \right) \right.$$
$$\left. + V_{N_2} \left(0{,}373 - \frac{40}{t_g} \right) \right) \quad (4a)$$

$$H_u + Q = 0{,}639 \cdot V_{CO_2} \cdot t_g - 120 \, V_{CO_2} + 0{,}519 \, V_{H_2O} \cdot t_g - 120 \, V_{H_2O}$$
$$+ 0{,}373 \, V_{N_2} \cdot t_g - 40 \, V_{N_2} \quad (4b)$$

$$H_u + Q + 120 \, V_{CO_2} + 120 \, V_{H_2O} + 40 \, V_{N_2}$$
$$= t_g \left(0{,}639 \cdot V_{CO_2} + 0{,}519 \cdot V_{H_2O} + 0{,}373 \cdot V_{N_2} \right) \quad (4c)$$

und daraus ergibt sich die Grenztemperatur für den Temperaturbereich 1200 bis 2000° zu

$$t_g \atop (1200-2000^0) = \frac{H_u + Q + 120 \cdot V_{CO_2} + 120 \cdot V_{H_2O} + 40 \cdot V_{N_2}}{0,639 \cdot V_{CO_2} + 0,519 \cdot V_{H_2O} + 0,373 \cdot V_{N_2}} \quad . \quad . \ (5)$$

und entsprechend für den Temperaturbereich 1800 bis 3000⁰

$$t_g \atop (1800-3000^0) = \frac{H_u + Q + 140 \cdot V_{CO_2} + 200 \cdot V_{H_2O} + 70 \cdot V_{N_2}}{0,649 \cdot V_{CO_2} + 0,561 \cdot V_{H_2O} + 0,389 \cdot V_{N_2}} \quad . \quad . \ (6)$$

Diese beiden Näherungsformeln zur Bestimmung der absoluten Grenztemperatur bedeuten gegenüber den Schackschen Formeln[1]) eine Vereinfachung, da durch eine günstigere Auswertung der mittleren spezifischen Wärmen für den gesamten in Betracht kommenden Temperaturbereich von 1200 bis 3000⁰ zwei Formeln genügen und die Zahlenwerte einfacher sind.

Beispiele:

Berechnung der Grenztemperatur von CO.

Aus Formel (6) fallen naturgemäß die Zahlenwerte für H_2O weg.

$$CO + 1/2\, O_2 = CO_2\, (+\, 1,89\, N_2).$$

$$t_g \atop (1800-3000^0) = \frac{3020 + 140 \cdot 1 + 70 \cdot 1,89}{0,649 \cdot 1 + 0,389 \cdot 1,89} = \frac{3020 + 140 + 132,3}{0,649 + 0,738}$$

$$= \frac{3292,3}{1,387} = \mathbf{2380^0}.$$

(Durch Probieren rechnerisch nach Formel 3 ermittelt 2390⁰.)

Berechnung der Grenztemperatur von H_2.

Jetzt fallen aus Formel (6) die Zahlenwerte für CO_2 weg.

$$H_2 + 1/2\, O_2 = H_2O\, (+\, 1,89\, N_2).$$

$$t_g \atop (1800-3000^0) = \frac{2570 + 200 + 70 \cdot 1,89}{0,561 + 0,389 \cdot 1,89} = \frac{2902,3}{1,299} = \mathbf{2230^0}.$$

(Durch Probieren rechnerisch nach Formel 3 ermittelt 2230⁰.)

Berechnung der Grenztemperatur von Azetylen C_2H_2.

$$C_2H_2 + 2,5\, O_2 = 2\, CO_2 + H_2O\, (+\, 9,45\, N_2)$$
$$H_{u\,C_2H_2} = 13\,600\ \text{kcal/Nm}^3$$

nach Näherungsformel (6):

$$t_g \atop (1800-3000^0) = \frac{13\,600 + 140 \cdot 2 + 200 \cdot 1 + 70 \cdot 9,45}{0,649 \cdot 2 + 0,561 \cdot 1 + 0,389 \cdot 9,45}$$

$$= \frac{13\,600 + 280 + 200 + 661,5}{1,298 + 0,561 + 3,680} = \frac{14\,741,5}{5,539} = \mathbf{2660^0}.$$

Grenztemperatur theor. nach (3) durch Probieren ergibt ebenfalls genau **2660⁰**.

---

[1]) Mitt. d. Wärmestelle des VDE Nr. 76 (1925).

Berechnung der Grenztemperatur eines Steinkohlengases.

Zusammensetzung %	Sauerstoff-bedarf je Nm³ Gas	gebild. CO_2 je Nm³ Gas	gebildeter Wasser-dampf je Nm³ Gas	zugehöriger Luftstick-stoff Nm³
CO_2 2,0	—	0,020	—	
sKW 3,5	0,1575	0,105	0,105 ⎱	
CO 8,5	0,0425	0,085	—	
H_2 52,5	0,2625	—	0,525 ⎰	0,430
CH_4 30,0	0,6000	0,300	0,600 ⎰	
N_2 3,5	—	—	—	0,035
100,0	1,0625	0,510	1,230	4,065

Abgasvolumen je Nm³ Gas: 0,510 Nm³ CO_2

$$1,230 \;,, \; H_2O \qquad H_u = 4900 \; kcal/Nm^3$$

$$\underline{4,065 \;,, \; N_2}$$

$$5,805 \; Nm^3$$

Grenztemperatur:

$$V_{CO_2} = 0,510, \quad V_{H_2O} = 1,230, \quad V_{N_2} = 4,063$$

$$H_u = 4900, \quad Q = 0.$$

$$t_g = \frac{4900 + 140 \cdot 0,510 + 200 \cdot 1,230 + 70 \cdot 4,065}{0,649 \cdot 0,510 + 0,561 \cdot 1,230 + 0,389 \cdot 4,065}$$

$$t_g = \frac{5502,4}{2,601} = 2115.$$

Grenztemperatur: 2115⁰ C.

Berechnung der Grenztemperatur unter Berücksichtigung der Dissoziation der Verbrennungsprodukte.

Für die Ermittlung der Grenztemperatur von Gasen unter Berücksichtigung der Dissoziation der Verbrennungsprodukte muß das rechnerische Schätzverfahren angewendet werden.

Beispiele: Berechnung der Grenztemperatur von CO unter Berücksichtigung der Dissoziation.

Bei CO-Verbrennung: CO_2-Gehalt 34,6% entspricht also einem Partialdruck von 0,346 at.

α bei $\sim$ 0,35 at und 2100⁰ = 0,125 (vgl. S. 87)

$$t_g = \frac{H_{u\,CO}\,(1-\alpha)}{(1-\alpha)\,c_{p_m CO_2} + \alpha\,c_{p_m CO} + \frac{\alpha}{2}\,c_{p_m O_2} + 1,89\,c_{p_m N_2}}$$

$$t_g \atop {(2100⁰)} = \frac{3020\,(1-0,125)}{(1-0,125)\,0,582 + 0,125 \cdot 0,358 + \frac{0,125}{2} \cdot 0,369 + 1,89 \cdot 0,35}$$

$$= \frac{2645}{1,2478} = \mathbf{2120⁰}.$$

Geschätzt wurde 2100⁰, die Rechnung ergab 2120. Die wahre Temperatur liegt also zwischen der angenommenen und errechneten Temperatur, etwa bei **2110⁰**.

Analog erfolgt die Berechnung der Grenztemperatur vom H_2 unter Berücksichtigung der Dissoziation.

H_2O-Gehalt 34,6%, Partialdruck $\sim$ 0,35 at.

$$t_g = \frac{H_{u\,H_2}(1-\alpha)}{1-\alpha)\,c_{p'''\,H_2O} + \alpha\,c_{p'''\,H_2} + \frac{\alpha}{2}\,c_{p'''\,O_2} + 1{,}89 \cdot c_{p'''\,N_2}}.$$

Berechnung der Grenztemperatur von Azetylen C_2H_2 unter Berücksichtigung der Dissoziation.

Bei Verbrennung von C_2H_2 entstehen:

$$
\begin{array}{lll}
2\,CO_2 & = \sim & 16\% \\
1\,H_2O & = \sim & 8\% \\
\underline{9{,}45\,N_2} & = \sim & 76\% \\
\end{array}
$$

Abgasvolumen 12,45 Nm³ = 100%.

Bei einer angenommenen Temperatur von **2300⁰** entspricht für CO_2 bei einem Partialdruck von 0,16 at $\alpha_1 = 0,318$.

CO_2: Partialdruck 0,16 at $\quad \alpha_1 = 0,318 \sim 0,32$
H_2O: $\qquad$ » $\qquad$ 0,08 » $\quad \alpha_2 = 0,1375 \sim 0,14.$

$$t_g \atop (2300^0) = \frac{H_{u\,C_2H_2} - (2\,\alpha_1 \cdot H_{u\,CO} + \alpha_2 \cdot H_{u\,H_2})}{2\left[(1-\alpha_1)\,c_{p'''\,CO_2} + \alpha_1 \cdot c_{p'''\,CO} + \frac{\alpha_1}{2}\,c_{p'''\,O_2}\right] + (1-\alpha_2)\,c_{p'''\,H_2O}}$$
$$+ \frac{H_{u\,C_2H_2} - (2\,\alpha_1 \cdot H_{u\,CO} + \alpha_2 \cdot H_{u\,H_2})}{\alpha_2\,c_{p'''\,H_2} + \frac{\alpha_2}{2}\,c_{p'''\,O_2} + 9{,}45\,c_{p'''\,N_2}}$$

$$t_g \atop (2300^0) = \frac{13\,600 - (2 \cdot 0{,}32 \cdot 3020 + 0{,}14 \cdot 2570)}{2\left[(1-0{,}32) \cdot 0{,}588 + 0{,}32 \cdot 0{,}361 + \frac{0{,}32}{2} \cdot 0{,}371\right] + (1-0{,}14) \cdot 0{,}474}$$
$$+ \frac{13\,600 - (2 \cdot 0{,}32 \cdot 3020 + 0{,}14 \cdot 2570)}{0{,}14 \cdot 0{,}335 + \frac{0{,}14}{2} \cdot 0{,}371 + 9{,}45 \cdot 0{,}358} = \frac{11\,308}{5{,}0109} = \mathbf{2270^0}.$$

Die wahre Grenztemperatur liegt zwischen 2270⁰ und 2300⁰, es wird also die Rechnung nochmals für 2280⁰ durchgeführt.

2280⁰ $\quad CO_2$: Partialdruck 0,16 at $\quad \alpha_1 \sim 0,30$
$\qquad\qquad H_2O$: $\qquad$ » $\qquad$ 0,08 » $\quad \alpha_2 \sim 0,13$

$$t_g \atop (2280^0) = \frac{13\,600 - (2 \cdot 0{,}303 \cdot 3020 + 0{,}13 \cdot 2570)}{2 \cdot 0{,}697 \cdot 0{,}587 + 0{,}303 \cdot 0{,}3605 + 0{,}515 \cdot 0{,}371 + 0{,}87 \cdot 0{,}473}$$
$$+ \frac{13\,600 - (2 \cdot 0{,}303 \cdot 3020 + 0{,}13 \cdot 2570)}{0{,}13 \cdot 0{,}335 + 0{,}065 \cdot 0{,}771 + 9{,}45 \cdot 0{,}3575} = \frac{11\,436}{5{,}0535} = 2290^0.$$

Die wahre Grenztemperatur liegt jetzt zwischen 2290° und 2280°. Also

$$t_{g\,C_2H_2} = 2285°.$$

Grenztemperatur eines Steinkohlengases mit Dissoziation.
Nach vorstehender Analyse ergibt sich ein Abgasvolumen

CO_2	= 0,510 Nm³	8,8%
H_2O	= 1,230 »	21,2%
N_2	= 4,065 »	70,0%
	5,805 Nm³	100,0%

$$H_u = 4900 \text{ kcal/Nm}^3.$$

Das Gas sei auf 500° vorgewärmt, die Verbrennungsluft werde mit 1000° eingeblasen.

(Mittl. spez. Wärmen c_{p_m} technischer Gase siehe S. 69.)

Bei 2100°: CO_2: Partialdruck 0,09 at $\alpha_1 = 0,189$
   H_2O: »   0,21 » $\alpha_2 = 0,05$

$$t_g \atop {(2100°)} = \frac{4900 - [0,189 \cdot 0,51 \cdot 3020 + 0,05 \cdot 1,23 \cdot 2570] +}{0,51\,[(1-0,189) \cdot 0,582 + 0,189 \cdot 0,358 + 0,0945 \cdot 0,369] +}$$

$$\frac{+\ 500 \cdot 0,398 + 1000 \cdot 0,336}{+\ 1,23\,[(1-0,05) \cdot 0,466 + 0,05 \cdot 0,333 + 0,025 \cdot 0,369] + 4,065 \cdot 0,355}$$

$$= \frac{4985}{2,3166} = 2150°.$$

Die wahre Grenztemperatur liegt also zwischen 2100° und 2150°, also:

$$t_g = 2125°.$$

25. Zündtemperaturen (Zündpunkte) brennbarer Gase und Dämpfe.

a) Begriff.

Die Zündtemperatur eines brennbaren Gases oder Dampfes stellt die unterste Temperatur dar, bei der sich das Gas in Mischung mit Luft oder einer sonstigen Atmosphäre entzündet, d. h. daß die Reaktionsgeschwindigkeit der Oxydation so groß wird, daß die dabei entwickelte Reaktionswärme eine etwaige Wärmeabgabe übersteigt und die Verbrennung ohne Wärmezuführung von außen weiter fortschreitet.

Die Höhe der Zündtemperatur wird zunächst bestimmt von der Art des Brenngases, der Brenngaskonzentration im Gemisch mit der Sauerstoff enthaltenden Atmosphäre und dem Druck, ferner ist sie abhängig von apparativen Bedingungen, wie der Wärmekapazität des umgebenden Mediums und katalytischen Wandeinflüssen. Ferner kann vor der eigentlichen Zündung eine stille Vorverbrennung eintreten, die infolge der dabei frei werdenden Reaktionswärme und der Bildung von Verbrennungszwischenprodukten mit niedrigerer Zündtemperatur gegebenenfalls bereits die Zündung auszulösen vermag. Werte über die

Zündtemperaturen von Gasen und Dämpfen in Mischung mit Luft
und mit Sauerstoff sind nachstehend zusammengestellt.

b) Niedrigste Zündtemperaturen reiner Gase in Mischung
mit Luft und Sauerstoff bei 1 at.

Gas	Niedrigste Zünd- temperatur mit		Gas	Niedrigste Zünd- temperatur mit	
	Luft °C	O₂ °C		Luft °C	O₂ °C
Wasserstoff. . . .	510	450	Propylen	455	(420)
Kohlenoxyd . . .	610	590	Butylen	445	(400)
Methan.	645	645	Azetylen	335	350
Äthan	530	(500)	Cyan	850	800
Propan	510	490	Schwefelwasserstoff.	290	220
Butan	490	(460)	Leuchtgas	560	(450)
Äthylen	540	485	Chlorknallgas . . .	240	

Die eingeklammerten Werte sind geschätzt.

c) Zündtemperaturen fester Brennstoffe (bei Luftüberschuß).

Stoff	Zünd- temperatur °C	Stoff	Zünd- temperatur °C
Braunkohle (Staub)¹) . . .	150—170	Steinkohlenschwelkoks . .	300—400
Steinkohle (Staub)¹) . . .	150—220	Gaskoks	450—600
Holzkohle, weich	250—300	Zechenkoks	550—650
Holzkohle, hart	300—450	Hüttenkoks	600—750
Braunkohlenschwelkoks . .	300—400	Pechkoks	500—600
Zuckerkohle	300—350	Graphit	700—850

¹) Mit Sauerstoff gemessen.

d) Niedrigste Zündtemperaturen von Dämpfen in Mischung
mit Luft bei 1 at.

Stoff	Zünd- temperatur °C	Stoff	Zünd- temperatur °C
Pentan	550	Zyklohexan	550
Hexan.	540	Naphthalin	700
Heptan	520	Tetralin	520
Methanol	500	Phenol	700
Äthylalkohol	450	Benzaldehyd	180
Glyzerin.	520	Benzoesäureäthylester . . .	670
Diäthyläther	180	Nitrobenzol	520
Azetaldehyd	400	Anilin	700
Azeton	500	Pyridin	680
Dioxan	450	Benzin	480—550
Methylformiat	500	Gasöl	330—350
Äthylnitrat	200	Paraffin	400
Schwefelkohlenstoff . . .	100	Schmieröl	380—420
Benzol	700	Erdöl, roh	400—450
Toluol	620	Steinkohlenteeröl	600—700
Xylol	580		

26. Flammpunkt und Brennpunkt von Flüssigkeiten.

a) Begriff.

Der Flammpunkt einer Flüssigkeit stellt im Gegensatz zur Zündtemperatur die niedrigste Temperatur dar, bei der sie so viel Dämpfe entwickelt, daß diese mit einer unmittelbar über der Flüssigkeitsoberfläche befindlichen Luftschicht ein entzündliches Gemisch bei Annäherung eines Zündmittels (Flamme, Glühdraht, Funkenstrecke) bilden. Der Gehalt der Luft oberhalb der Flüssigkeitsoberfläche an brennbaren Dämpfen muß somit die untere Zündgrenze erreichen.

Der Flammpunkt stellt die Temperatur dar, bei der erstmalig eine Zündung des Brenndampf-Luft-Gemisches stattfindet, worauf die Flamme wieder erlischt; der Brennpunkt die Temperatur, bei der die Flamme nach Entfernung des Zündmittels nicht mehr erlischt.

Der Flamm- und Brennpunkt ist von apparativen Einflüssen, wie der Bauart des Flammpunktprüfers, der Art der Zündung, der Erhitzungsgeschwindigkeit und anderen abhängig.

Die gemessenen Werte stellen somit keine physikalischen Kenngrößen, sondern Relativzahlen dar, die jedoch für die Beurteilung der Feuergefährlichkeit eines Stoffes wichtig sind.

Nach der Preußischen Polizeiverordnung 1925 (Ministerialblatt der Handels- und Gewerbeverwaltung **1925**, S. 233) sind die organischen Stoffe in bezug auf deren Feuergefährlichkeit in folgende drei Gefahrenklassen hinsichtlich Transport und Lagerung unterzuteilen:

Klasse   I; Öle mit einem Flammpunkt unter 21^0,
    »   II;   »   »   »   »   von 21 bis 55^0,
    »   III;   »   »   »   »   » 55   » 100^0.

Einzelheiten über die Bestimmung des Flamm- und Brennpunktes siehe Band V, »Analytische Untersuchungsmethoden«.

b) Flammpunkt verschiedener Stoffe.

Stoff	Flammpunkt ^{0}C	Stoff	Flammpunkt ^{0}C
Steinkohlenteerprodukte.		**Braunkohlenteerprodukte.**	
Reinbenzol	-16^0	Benzin	$-60 - -10^0$
90er Benzol	-15^0	Schwerbenzin	$0- +20^0$
50er Benzol	-10^0	Mittelöl	$20-50^0$
ger. Toluol	5^0	Solaröl	$25-40^0$
ger. Xylol	20^0	Putzöl	$60-70^0$
Solventnaphtha I	20^0	Gasöl	$70-100^0$
Solventnaphtha II	30^0	Paraffinöl	$105-125^0$
Handelsschwerbenzol . . .	45^0	Kreosotöl	$80-100^0$
Naphthalin	80^0	Braunkohlenteerheizöl .	$65-145^0$
Phenol	$80-90^0$		
Steinkohlenteerheizöl . . .	$65-145^0$		

Stoff	Flammpunkt °C	Stoff	Flammpunkt °C
Erdöldestillations-produkte.		**Schmieröle[1]).**	
Benzin Siedepunkt 50—60⁰	—58⁰	Laternenöl	65⁰
» 60—78⁰	—39⁰	Putzöl	65⁰
Benzin Siedepunkt 70—88⁰	—35⁰	Gasöl	80⁰
» 80—100⁰	—22⁰	Achsenöl (Sommeröl) . . .	160⁰
» 80—115⁰	—20⁰	Achsenöl (Winteröl) . . .	140⁰
» 100—150⁰	+10⁰	Stellwerksöl	160⁰
Leichtpetroleum	21—40⁰	Turbinenöl	180⁰
Schwerpetroleum	30—50⁰	Motorenzylinderöl	180⁰
Gasöl, leicht	50—80⁰	Kompressorenöl	200⁰
» , schwer	70—120⁰	Naßdampfzylinderöl . . .	260⁰
Vaseline	150—180⁰	Heißdampfzylinderöl . . .	300⁰
Destillationsrückstand . .	120—200⁰	Dieselmotorentreiböl . . .	65—145⁰
		Mineralheizöl	65—145⁰
		Alkohol 100%[2])	12
		» 94%	18
		» 70%	22
		» 50%	26,5

[1]) Anforderungen der Deutschen Reichsbahn A.-G.
[2]) Gewichtsprozente Alkohol in Gemisch mit Wasser.

27. Zündgrenzen von Gasen und Dämpfen.

a) Begriff.

Die Zündgrenzen eines brennbaren Gases oder Dampfes in Mischung mit Luft oder einer anderen Sauerstoff enthaltenden Atmosphäre stellen die untere und obere Grenzkonzentration dar, innerhalb deren Bereich das Gemisch bei Zuführung einer genügend großen Energiemenge (in Form von Wärme, elektrischer Zündung oder Sprengstoffzündung) zur Entzündung gebracht werden kann.

Die untere bzw. obere Zündgrenze L eines Brenngas-Luft-Gemisches läßt sich mit genügender Genauigkeit errechnen nach der Gleichung von Le Chatelier:

$$L = \frac{100}{\dfrac{p_1}{n_1} + \dfrac{p_2}{n_2} + \dfrac{p_3}{n_3} + \ldots}$$

Darin bedeuten p_1, p_2, p_3 usw. den Prozentgehalt der einzelnen Gase im Brenngasgemisch ($p_1 + p_2 + p_3 + \ldots = 100$) und n_1, n_2, n_3 usw. die untere bzw. obere Zündgrenze dieser Einzelgase in reinem Zustand im Gemisch mit Luft.

Rechnungsbeispiel: Berechnung der unteren Zündgrenze eines Erdgases.

Gaszusammensetzung	untere Zündgrenze der Einzelgase
80% CH_4	5,0%
15% C_2H_6	3,0%
4% C_3H_8	2,1%
1% C_4H_{10}	1,5%

$$L = \frac{100}{\dfrac{80}{5} + \dfrac{15}{3} + \dfrac{4}{2,1} + \dfrac{1}{1,5}} = 4,25\%.$$

b) **Zündgrenzen reiner Gase im Gemisch mit Luft bei 20°
und 1 at.**
Vol.-%.

Gas	untere Zündgrenze	obere Zündgrenze	Gas	untere Zündgrenze	obere Zündgrenze
Wasserstoff	4,1	75	Butylen	1,7	9,0
Kohlenoxyd	12,5	75	Azetylen	2,3	82
Methan	5,0	15	Cyan	6,6	42,6
Äthan	3,0	14	Cyanwasserstoff . . .	12,75	27
Propan	2,1	9,5	Kohlenoxysulfid . . .	11,9	28,5
Butan	1,5	8,5	Ammoniak	15,7	27,4
Äthylen	3,0	33,3	Schwefelwasserstoff . .	4,3	45,5
Propylen	2,2	9,7			

c) **Zündgrenzen reiner Gase im Gemisch mit Sauerstoff bei
20° und 1 at.**
Vol.-%.

Gas	untere Zündgrenze	obere Zündgrenze	Gas	untere Zündgrenze	obere Zündgrenze
Wasserstoff	4,5	95	Äthylen	3,0	80
Kohlenoxyd	13	96	Propylen	—	53
Methan	5	60	Butylen	—	—
Äthan	3,9	50,5	Azetylen	2,8	93
Propan	—	—	Ammoniak	14,8	79
Butan	—	—			

d) **Zündgrenzen technischer Gase im Gemisch mit Luft bei
20° und 1 at.**
Vol.-%.

Gas	Zündgrenzen	Gas	Zündgrenzen
Erdgas	4,5—13,5	Ölgas	3,4—7,8
Generatorgas	35—75	Stadtgas	6—35
Gichtgas	40—65	Steinkohlengas	5—30
karb. Wassergas	6—38	Wassergas	6—70

e) Zündgrenzen von Dämpfen im Gemisch mit Luft. Vol.-%.

Stoff	Zündgrenzen	Stoff	Zündgrenzen
n-Pentan	1,3—	Methylformiat	5 —28
i-Pentan	1,3—	Methylazetat	4 —14
Amylen	1,3—	Äthylformiat	3,5 —16,5
n-Hexan	1,2—	Äthylazetat	2,2 —11,5
n-Heptan	1,1—	Äthylnitrit	3,0 —50
n-Oktan	1,0—	Methylchlorid	8 —19
n-Nonan	0,8—	Methylbromid	13,5 —14,5
Gasolin	1,4—8	Äthylchlorid	4 —15
Benzin	1,2—7	Äthylbromid	6,75—11,25
Methanol	7 —37	Äthylendichlorid . . .	6,2 —16
Äthylalkohol	3,5—20	Dichloräthylen	6,2 —16
Propylalkohol	2,5	Bleitetramethyl	1,8 —
Butylalkohol	1,0—	Zinntetramethyl . . .	1,9 —
Äthyläther	1,7—48	Diäthylselenid	2,5 —
Divinyläther	1,7—28	Benzol	1,4 —9,5
Azetaldehyd	4 —57	Toluol	1,3 —7
Äthylenoxyd	3 —80	Zyklohexan	1,3 —8,5
Dioxan	2 —22,5	Pyridin	1,8 —10
Azeton	2 —13	Furfurol	2,1 —
Methyläthylketon . . .	2 —12	Schwefelkohlenstoff . .	1 —50
Essigsäure	4 —		

28. Löschdruck von Gasen.

a) Begriff.

Der Löschdruck eines Gases gibt den Druck an, bei dem eine Flamme (infolge einer zu hohen Ausströmungsgeschwindigkeit) sich von der Brennermündung abzuheben beginnt.

Bei Flammen ohne Primärluftzugabe verwendet man hierbei als Standardbrenner einen Einlochbrenner von 0,75 mm Bohrung (0,44 mm² Querschnitt).

Im einzelnen sind bei verschiedenen reinen und technischen Gasen bisher folgende Werte für den Löschdruck ermittelt worden.

Bei entleuchteten Flammen (Bunsenflammen) sind Werte für den Löschdruck bisher nicht bestimmt worden. Sie liegen wesentlich höher als die von Gasen ohne Luftzusatz und werden wahrscheinlich im wesentlichen von der Zündgeschwindigkeit des betreffenden Gas-Luft-Gemisches bestimmt.

b) Löschdruck verschiedener reiner und technischer Gase.

		H_2	CO	CH_4	C_2H_4	C_3H_8	C_4H_{10}	Stadt-gas	Wasser gas
Löschdruck	mm WS	2650	4,4	5,6	115	21,5	17,5	823	816
max. Gasvolumen . .	cm³/s	216	3,0	4,7	15	5,8	4,6	61	50
» » . .	cal/s	658	9,1	44,7	229	140	141	268	138
Gasgeschwindigkeit .	m/s	488	6,8	10,5	38	13,2	10,4	137	113
max. Flammenhöhe .	cm	50,0	2,5	17,5	30,1	27,3	28	26,4	33,5
zugehöriger Druck . .	mm WS	45	4,4	5,6	7,0	20,5	16,5	180	550
» Gasvolumen	cm³/s	89	3,0	4,7	12	5,7	4,5	28	41
erzeugte Wärmemenge	cal/s	230	9,1	40,0	179	138	138	140	110
Flammenvolumen . .	cm³	30	0,5	20	15	15,5	17,9	18,5	6,5

c) Löschdruck verschiedener Dämpfe. (Einlochbrenner von
0,1 mm Durchmesser.)
(Nach G. Tammann und H. Thiele; Ztschr. f. anorgan. Chem. 192, 65,
1930.)

Methylalkohol.	23 mm WS	Paraldehyd	55 mm WS
Äthylalkohol	19 » »	Amylen	204 » »
Propylalkohol.	39 » »	Heptan	314 » »
Butylalkohol	44 » »	Benzol	204 » »
Amylalkohol	65 » »	Toluol	232 » »
Essigsäure	5 » »	m-Xylol	177 » »
Propionsäure	9 » »	Naphthalin	109 » »
Buttersäure	10 » »	Terpentin	514 » »
Valeriansäure	10 » »	Benzoesäure	45 » »
Azetaldehyd	55 » »	Chlorbenzol	5 » »

29. Zündgeschwindigkeit und Verbrennungsdichte (spezifische Flammenleistung) technischer Gase.

Die stetig zunehmende Anwendung des Gases als Wärmeträger auf den verschiedenen technischen Gebieten erfordert eine genaue Kenntnis der brenntechnischen Eigenschaften der verschiedenen Gase, die sich für die technische Gasverwendung eignen. Hierbei stellt oft die Gasflamme als solche einen Teil des Arbeitsgerätes dar. Daraus ergibt sich wiederum, daß auf diesem Anwendungsgebiet nur die wärmetechnischen und brenntechnischen Eigenschaften der Gase von Bedeutung sind. Die ersteren werden vornehmlich bestimmt durch den Heizwert und die spezifische Wärme bzw. den Wärmeinhalt der Verbrennungsprodukte, die rechnerisch die Grenztemperatur zu ermitteln ermöglichen.

a) Zündgeschwindigkeit der Gase.

Die Grundlage der eigentlichen Brenneigenschaften bildet die »Zündgeschwindigkeit« der Gase, ohne daß diese jedoch einen allumfassenden Maßstab für die Brennbedingungen ergibt.

Die Zündgeschwindigkeit, zum Teil auch Verbrennungs- oder Fortpflanzungsgeschwindigkeit genannt, bildet ein Charakteristikum sämtlicher brennbarer Gas-Luft- bzw. Gas-Sauerstoff-Gemische. Ihre Messung kann entweder auf statischem oder dynamischem Wege erfolgen. Im ersteren Falle wird die Geschwindigkeit bestimmt, mit der die Zündung bzw. Verbrennung in einer ruhenden Gassäule sich fortpflanzt. Die dabei erhaltenen Werte sind jedoch von verschiedenen Faktoren, wie der Rohrbreite und der Strömungsrichtung der Zündbewegung abhängig. Die für die exakte Messung der Zündgeschwindigkeit besser geeignete dynamische Meßmethode nach Gouy und Michelson beruht auf folgendem Prinzip[1]):

Wenn ein Gas-Luft- bzw. Gas-Sauerstoff-Gemisch beliebiger Zusammensetzung mit laminarer Strömung aus einem Brennerrohr ausströmt und auf der Brennermündung abbrennt, erhält man die Bunsenflamme, die aus einem inneren Verbrennungskegel mit nachfolgender Sekundärverbrennung, der sichtbaren Flamme, besteht. Auf der Kegelmantelfläche findet gemäß dem Sauerstoffgehalt des Brenngas-Luft-Gemisches die Primärverbrennung bzw. z. T. ein Abbau der Gase zu den sog. verbrennungsreifen Gasen Kohlenoxyd und Wasserstoff, in der eigentlichen Flamme darauf infolge Diffusion von Luftsauerstoff die Sekundärverbrennung des Gasüberschusses statt. Bei der Bunsenflamme wird hierbei stets ein Gas-Luft-Gemisch mit einem Überschuß an Gas angewendet, um eine Sekundärverbrennung, die als Flammenvolumen sichtbar ist, zu erzielen. Bei einer Brenngaskonzentration im Gemisch, die der theoretischen Verbrennung entspricht, kommt die Sekundärverbrennung in Wegfall bzw. man erhält als »Flamme« nur ein Nachleuchten der Abgase der Verbrennung über der Kegelmantelfläche. Wenn die Flammentemperatur auf der letzteren sehr hoch ist und eine teilweise Dissoziation der Verbrennungsabgase zur Folge hat, erfolgt in der Flamme ferner die Nachverbrennung der rückgebildeten Gase Wasserstoff und Kohlenoxyd.

Auf der Kegelmantelfläche ist somit die Ausströmungsgeschwindigkeit des Gas-Luft-Gemisches gleich groß der entgegengerichteten Zündgeschwindigkeit u und beide halten sich auf dieser Fläche das Gleichgewicht:

$$u = \frac{\text{In der Zeiteinheit zugeführtes Gas-Luft-Volumen}}{\text{Brennfläche}} = \frac{V}{S}$$

$$S = \pi \cdot r \cdot \sqrt{r^2 + h^2} \qquad (h = \text{Höhe des Brennkegels}).$$

Auf dieses Prinzip gründet sich die dynamische Meßmethode der Zündgeschwindigkeit, wobei man bei Einhaltung einer laminaren Strömung[1]) Absolutwerte erhält. Diese bilden gleichzeitig den unteren Grenzwert für die Fortpflanzungsgeschwindigkeit der Verbrennung von Gas-Luft-Gemischen, die infolge Turbulenz oder anderer Erscheinungen stets größer als die eigentliche Zündgeschwindigkeit ist.

In dem nachfolgenden Flammenvolumen findet daraufhin die Sekundärverbrennung des Restgases mit einer nicht bestimmbaren Fortpflanzungsgeschwindigkeit u_{f_m} statt.

---

[1]) Einzelheiten über die experimentelle Bestimmung der Zündgeschwindigkeit s. Bd. V »Gasuntersuchungsmethoden«.

Wenn die Strömungsgeschwindigkeit des Gas-Luft-Gemisches kleiner ist als die entgegengerichtete Zündgeschwindigkeit, so schlägt die Flamme in das Brennerrohr zurück. Theoretisch entspricht die kleinste Kegelmantelfläche bei Kegelhöhe = 0 dem Brennerrohrquerschnitt (Kreisfläche), d. h. auf dem Querschnitt der Brennerrohrmündung halten sich die Strömungsgeschwindigkeit und Zündgeschwindigkeit das Gleichgewicht. Eine derartige Flamme kann man mit technischen Brennern jedoch nicht erzielen, obwohl sie dem theoretischen Grenzfall des Rückschlagens der Flamme entspricht. Hierbei auftretende Turbulenzerscheinungen bewirken praktisch vielmehr noch bei einer etwas höheren Strömungsgeschwindigkeit stets ein Rückschlagen. Erst, wenn bezogen auf den Brennerrohrquerschnitt, die Strömungsgeschwindigkeit des Gas-Luft-Gemisches größer wird, bildet sich als Zone der Primärverbrennung über der Brennermündung ein Kegel aus, auf dessen Mantelfläche die Primärverbrennung stattfindet. Bei einer weiteren Steigerung der Strömungsgeschwindigkeit verlängert sich die Kegelhöhe immer mehr, bis schließlich ein Abheben der Flamme eintritt.

In der Praxis verwendet man Strömungsgeschwindigkeiten, die zwischen diesen beiden Grenzfällen des Rückschlagens und Abhebens der Flamme liegen. Wenn in einer technischen Gasfeuerung eine gleichmäßige Wärmeverteilung über einen größeren Raum erfolgen soll, wählt man eine nur geringe Primärluftzugabe und damit eine geringere Zündgeschwindigkeit, mit der eine größere Kegel- und Flammenlänge erzielt wird. In den Fällen, bei denen eine hohe Wärmekonzentration auf einen kleinen Raum verlangt wird, benötigt man andererseits einen kurzen Kegel und eine kurze Flamme, also ein Gas-Luft-Gemisch mit hoher Zündgeschwindigkeit.

Die Zündgeschwindigkeiten der wichtigsten reinen Gase in Abhängigkeit vom Gas-Luft- bzw. Gas-Sauerstoff-Verhältnis sind in den nachstehenden Abbildungen 4 und 5 zusammengestellt. Bereits in Abb. 4 erkennt man die außerordentlich hohe Zündgeschwindigkeit des Wasserstoffs, während die des Kohlenoxyds und Methans sehr niedrig liegen. Azetylen nimmt hierbei eine Zwischenstellung ein. Wichtig ist ferner, daß die Maxima der Zündgeschwindigkeiten stets im Gebiet des Gasüberschusses liegen. Dies wirkt sich vor allem bei Kohlenoxyd und Wasserstoff aus, bei denen das Maximum der Zündgeschwindigkeit bei

---

[1]) Eine laminare (nicht turbulente) Strömung ist gegeben, wenn die Reynoldssche Zahl Re kleiner als 2300 ist.

$$Re = \frac{w \cdot d}{v}$$

(w = Strömungsgeschwindigkeit cm³/s, d = Rohrdurchmesser cm, v = kinematische Zähigkeit m²/s).

Kritische Geschwindigkeit $w_k = \dfrac{2300 \cdot v}{d}$.

51 bzw. 43% Gas im Gas-Luft-Gemische liegt gegenüber 29,5% bei theoretisch vollkommener Verbrennung. Bei Kohlenwasserstoffen verschiebt sich mit steigendem Molekulargewicht das Maximum der Zündgeschwindigkeit immer mehr nach dem theoretischen Mischungsverhältnis für vollkommene Verbrennung.

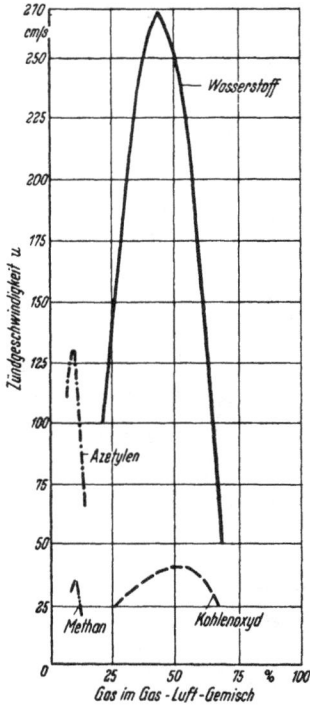

Abb. 4. Zündgeschwindigkeit von Gas-Luft-Gemischen.

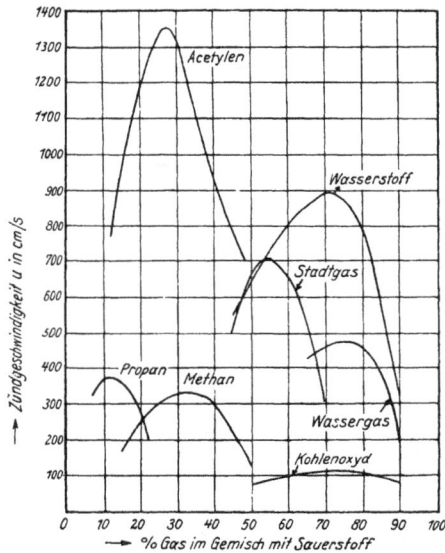

Abb. 5. Zündgeschwindigkeit von reinen und technischen Gasen bei Verbrennung mit Sauerstoff.

Höchste Zündgeschwindigkeit verschiedener Gase bei Verbrennung mit Sauerstoff und mit Luft.

	Höchste Zündgeschwindigkeit		Verhältnis
	mit Sauerstoff	mit Luft	
Wasserstoff	890	267	3,34 : 1
Kohlenoxyd	110	33	3,34 : 1
Methan	330	35	9,44 : 1
Azetylen	1350	131	10,3 : 1
Propan	370	32	11,6 : 1
Wassergas	470	160	7,94 : 1
Stadtgas	705	64	11,0 : 1

Die Zündgeschwindigkeit der technischen Gasgemische wird durch die der darin enthaltenen Einzelgase bestimmt. Infolge der gegenseitigen Reaktionsbeeinflussung bei der Verbrennung von Gasgemischen stellt die Zündgeschwindigkeit der letzteren jedoch nicht genau das Mittel der der Einzelbestandteile dar. Für das System Wasserstoff-Kohlenoxyd-Methan, die die wesentlichsten Inhaltsstoffe aller technischen Gasgemische darstellen, haben Bunte und Litterscheidt[1]) die maximalen Zündgeschwindigkeiten in der Form eines Dreiecks graphisch wiedergegeben (Abb. 6). Aus diesem Bild kann man daraufhin mit ziem-

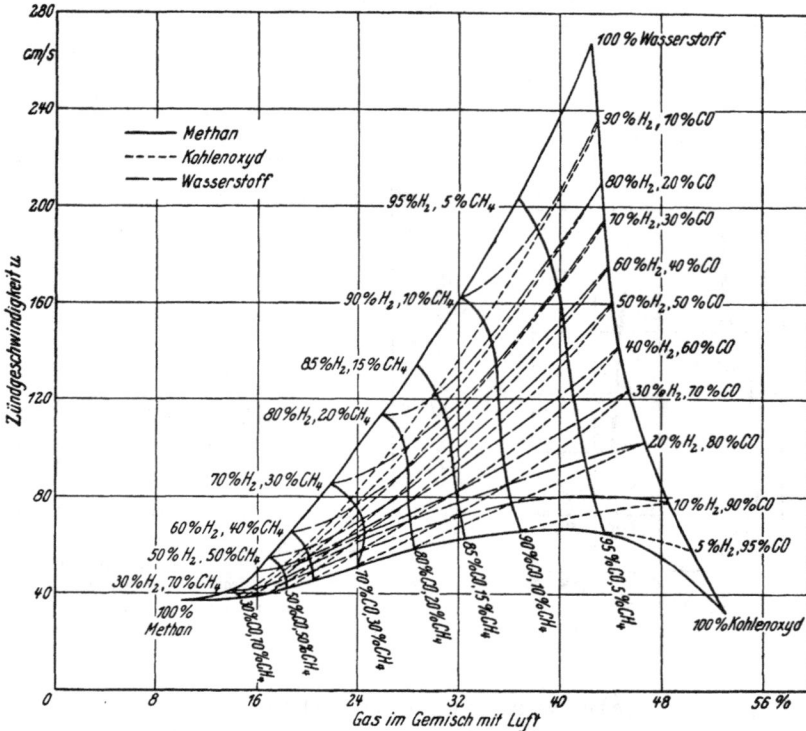

Abb. 6. Zündgeschwindigkeit von Wasserstoff-Kohlenoxyd-Methan-Gemischen in Mischung mit Luft.

licher Annäherung die maximale Zündgeschwindigkeit nahezu sämtlicher technischer Gase entnehmen. Dabei müssen jedoch die Inertgasbestandteile als zündgeschwindigkeitshemmend berücksichtigt werden.

In Abb. 7 sind Zündgeschwindigkeitskurven je eines typischen Steinkohlengases, Stadtgases, Wassergases und Generatorgases zusammengestellt. Allgemein gilt, daß die höchste Zündgeschwindigkeit eines Steinkohlengases durchschnittlicher Zusammensetzung etwa 65 bis 70 cm/s, eines Stadtgases 70 bis 85 cm/s, eines Wassergases 130 bis 160 cm/s, eines Generatorgases 30 bis 35 cm/s beträgt. Ein ansteigender

[1]) Gas- und Wasserfach **73**, 837 (1930), daselbst weitere Literatur.

Gehalt der Gase an Wasserstoff erhöht, vermehrter Inertgehalt erniedrigt diese Werte. So wird die höchste Zündgeschwindigkeit eines Stadtgases durch einen übermäßig hohen Gehalt an Stickstoff von etwa 15% bei sonst durchschnittlicher Zusammensetzung auf rd. 62 bis 66 cm/s herabgesetzt, wobei sich gleichzeitig das zugehörige Gas-Luft-Verhältnis der höchsten Zündgeschwindigkeit von etwa 25 auf 21% Gas im Brenngas-Luft-Gemisch verschiebt.

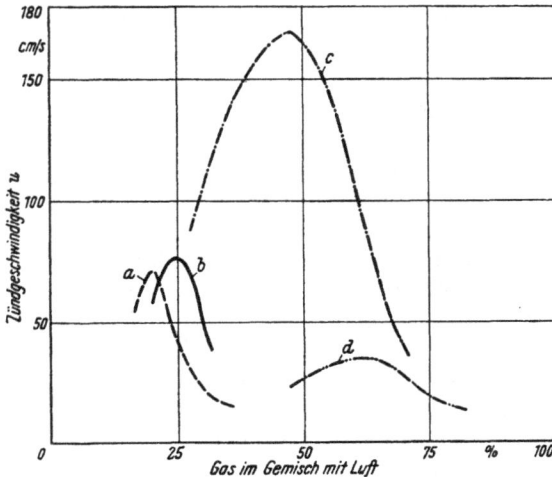

Abb. 7. Zündgeschwindigkeit von verschiedenen technischen Gasen im Gemisch mit Luft.

| Gas | Gehalt an | | | | | | |
	CO_2 %	skW %	O_2 %	CO %	H_2 %	CH_4 %	N_2 %
a	1,6	3,6	1,0	5,5	54,5	27,2	6,6
b	4,5	2,4	0,2	20,8	51,8	14,9	5,4
c	0,2	—	0,4	47,0	50,5	—	1,9
d	4,4	—	—	29,1	10,2	—	56,3

b) Verbrennungsdichte (spezifische Flammenleistung) der Gase.

Die auf der Kegelmantelfläche entwickelte Wärmemenge (kcal/s) ergibt sich als der latente Wärmeinhalt des zugeführten Brenngas-Luft-Gemisches, soweit dessen Sauerstoffgehalt zu der Primärverbrennung ausreicht. Die gesamte von der Flamme entwickelte Wärmemenge (kcal/s) entspricht dagegen dem gesamten latenten Wärmeinhalt des Gas-Luft-Gemisches. Das Gas-Luft-Volumen, das in der Zeiteinheit einem Brenner zugeführt werden kann, ist bestimmt durch die Zündgeschwindigkeit desselben. Man erkennt daraus, daß für die Erzielung einer hohen Verbrennungsdichte bzw. Flammenleistung ein Gas

von hoher Zündgeschwindigkeit notwendig ist, während mit geringer
werdender Zündgeschwindigkeit bei Zuführung eines gleichen Gas-Luft-
Volumens der Flammenkegel immer mehr verlängert wird. Die Brenneigenschaften eines Gases werden somit wesentlich von dessen Zündgeschwindigkeit bestimmt. Diese allein genügt jedoch nicht für das
brenntechnische Verhalten eines Gases, da dieses von dem Heizwert
desselben mitbestimmt wird.

Die vergleichende Beurteilung der Brenneigenschaften eines Gases
ist möglich geworden durch die Schaffung des Begriffes der spezifischen
Flammenleistung[1]. Die spezifische Flammenleistung J_s eines Brenngases ist die Wärmeleistung, die dieses Gas in einem Normalbrenner
von 1,128 cm Durchmesser entsprechend 1 cm² Querschnitt bei bestimmter Kegelhöhe in Abhängigkeit von dem Brenngas-Luft-Mischungs-
verhältnis erzeugt (kcal/cm²s). Die gesamte spezifische Flammenleistung J_s stellt dabei die Summe der durch Primärverbrennung im
Flammenkegel erzeugten spezifischen primären Flammenleistung J_s'
und der durch Sekundärverbrennung des Brenngasüberschusses mit
Zweitluft erzeugten spezifischen sekundären Flammenleistung J_s'' dar.
Die erzeugte Wärmemenge ist abhängig von dem gesamten unteren
Heizwert W (kcal/cm³) des ausströmenden Gas-Luft-Gemisches V. Auf
der Kegelmantelfläche S (cm²) der Bunsenflamme ist die Zündgeschwindigkeit des Gas-Luft-Gemisches gleich groß und nur entgegengerichtet
der Strömungsgeschwindigkeit und beträgt

$$u = \frac{V}{S} \text{ cm/s.}$$

Da S durch die Gleichung

$$S = \pi \cdot r \sqrt{r^2 + h^2}$$

$(r = $ Brennerrohrquerschnitt, $h = $ Kegelhöhe$)$

ausgedrückt werden kann, erhält man somit

$$u = \frac{V}{\pi \cdot r \sqrt{r^2 + h^2}} \text{ cm/s.}$$

Zwischen der Strömungsgeschwindigkeit w und der Zündgeschwindigkeit
u, sowie zwischen Brennerquerschnitt F und Kegelmantelfläche S gilt
die Beziehung

$$\frac{u}{w} = \frac{F}{S} = \frac{r}{\sqrt{r^2 + h^2}} = k.$$

Diese Kennziffer k bedeutet somit das Verhältnis zwischen Brennerquerschnitt und Brennfläche (Kegelmantelfläche). Die Grenzen von k sind
0 und 1. Bei $k = 0$ wird die Brennfläche und damit die Kegelhöhe un-

---

[1] H. Brückner und G. Jahn, Gas- und Wasserfach **74**, 1022 (1931), H.
Brückner und H. Löhr, Gas- und Wasserfach **79**, 17 (1936).

endlich groß, bei $k = 1$ verkürzt sich die Brennfläche zum Brennerquerschnitt. Beide Grenzwerte können praktisch nicht erreicht werden. Für die gesamte spezifische Flammenleistung J_s gelten dann bei gewähltem k die Gleichungen:

$$J_s = \frac{V \cdot W}{F} \quad \text{bzw.} \quad J_s = \frac{W \cdot u}{k} \, \text{kcal/cm}^2\text{s},$$

für die spezifische primäre und sekundäre Flammenleistung entsprechend

$$J_s' = \frac{W' \cdot u}{k} \quad \text{und} \quad J_s'' = \frac{W'' \cdot u}{k}.$$

Darin bedeutet W' (kcal/cm³) den unteren Heizwert des ausströmenden Gas-Luft-Gemisches, soweit eine Verbrennung durch im Gemisch enthaltenen Luftsauerstoff möglich ist und $W'' = W - W'$.

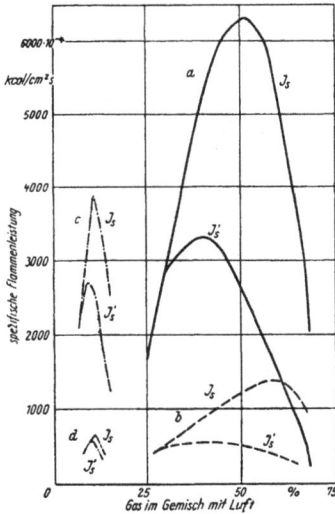

Abb. 8a. Flammenleistung von Einzelgasen im Gemisch mit Luft.

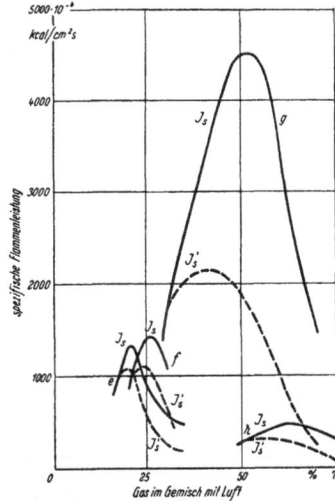

Abb. 8b. Flammenleistung von technischen Gasen im Gemisch mit Luft.

a Wasserstoff	d Methan	g Wassergas	J_s Gesamtflammenleistung
b Kohlenoxyd	e Steinkohlengas	h Generatorgas	J_s' Primärflammenleistung
c Azetylen	f Stadtgas		

Bei laminarer Strömung ist eine Bunsenflamme durch die Kennziffer k hinsichtlich der Oberflächengröße S des Flammenkegels und der Kegelhöhe h bei festgelegtem Brennerquerschnitt definiert. Trotz Änderung der Größe von k erhält man jeweils bei einem bestimmten gleichbleibenden Mischungsverhältnis Gas:Luft ein Maximum der spezifischen Flammenleistung. Für den Normalbrenner von 1 cm² Querschnitt hat es sich zweckmäßig erwiesen, $k = 0,5$ festzulegen. Unter diesen Bedingungen beträgt die Kegelfläche der Bunsenflamme 2 cm². Die Beurteilung

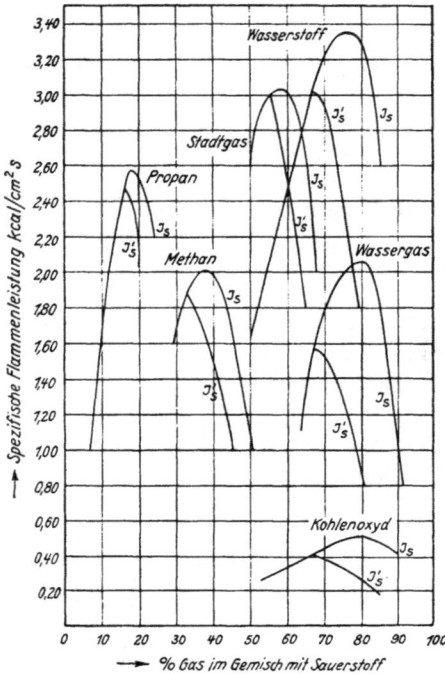

Abb. 9. Flammenleistung von reinen und technischen Gasen bei Verbrennung mit Sauerstoff.

J = Gesamtflammenleistung
J' = Primärflammenleistung.

der Flammenleistungen verschiedener Gase erfolgt stets nach dieser Methode, indem Flammen mit gleicher Kegellänge unter Anwendung des Normalbrenners verglichen werden. Bei Zugrundelegung anderer Flammenmaße werden diesen proportionale Ergebnisse erhalten. Die Flammenleistung eines Gases kann theoretisch über den gesamten Zündbereich des Gas-Luft-Gemisches errechnet werden. Die praktischen Grenzen der Möglichkeit einer Bestimmung der zugrunde liegenden Zündgeschwindigkeit sind jedoch erheblich enger, vor allem im Gebiet zwischen der unteren Zündgrenze und dem Gas-Luft-Gemisch mit der höchsten Zündgeschwindigkeit, da eine Messung der Zündgeschwindigkeit kaum unterhalb des letzteren möglich ist. Die Entwicklung der Aufstellung der Kurven der spezifischen Gesamt- und der primären Flammenleistung J_s bzw. J_s' wird in der nachstehenden Zahlentafel für Wasserstoff gegeben.

Spezifische Flammenleistung von Wasserstoff bei Verbrennung mit Luft.

$^0/_0$ Gas in Luft	u cm/s	W kcal/cm³	W' kcal/cm³	J_s kcal/cm² s	J_s' kcal/cm² s
25	140	$630 \cdot 10^{-6}$	$630 \cdot 10^{-6}$	$1765 \cdot 10^{-4}$	$1765 \cdot 10^{-4}$
29,5 a)	186	$745 \cdot 10^{-6}$	$745 \cdot 10^{-6}$	$2770 \cdot 10^{-4}$	$1770 \cdot 10^{-4}$
35	231	$880 \cdot 10^{-6}$	$688 \cdot 10^{-6}$	$4070 \cdot 10^{-4}$	$3180 \cdot 10^{-4}$
40 b)	261	$1010 \cdot 10^{-6}$	$635 \cdot 10^{-6}$	$5270 \cdot 10^{-4}$	$3320 \cdot 10^{-4}$
45	266	$1135 \cdot 10^{-6}$	$582 \cdot 10^{-6}$	$6030 \cdot 10^{-4}$	$3090 \cdot 10^{-4}$
50	280	$1260 \cdot 10^{-6}$	$528 \cdot 10^{-6}$	$6300 \cdot 10^{-4}$	$2645 \cdot 10^{-4}$
51 c)	246	$1285 \cdot 10^{-6}$	$519 \cdot 10^{-6}$	$6320 \cdot 10^{-4}$	$2550 \cdot 10^{-4}$
55	221	$1387 \cdot 10^{-6}$	$478 \cdot 10^{-6}$	$6120 \cdot 10^{-4}$	$2110 \cdot 10^{-4}$
60	168	$1512 \cdot 10^{-6}$	$425 \cdot 10^{-6}$	$5080 \cdot 10^{-4}$	$1430 \cdot 10^{-4}$

a) Gemisch für theoretisch vollkommene Verbrennung,
b) Gemisch mit höchster primärer Flammenleistung,
c) Gemisch mit höchster Gesamtflammenleistung.

Die spezifischen Flammenleistungskurven verschiedener reiner und technischer Gase bei Verbrennung mit Luft und mit Sauerstoff sind in den Abb. 8 und 9 wiedergegeben und in den nachfolgenden Zahlentafeln sind ferner die Höchstwerte zusammengestellt.

Höchste spezifische Flammenleistung von reinen und technischen Gasen bei Verbrennung mit Luft.

Gas	°/₀ Gas im Gemisch	Spez. primäre Flammenleistg. kcal/cm² s	°/₀ Gas im Gemisch	Spez. Gesamt-flammenleistg. kcal/cm² s
Wasserstoff	40	$3320 \cdot 10^{-4}$	51	$6320 \cdot 10^{-4}$
Kohlenoxyd	42	$550 \cdot 10^{-4}$	58	$1380 \cdot 10^{-4}$
Methan	10,5	$580 \cdot 10^{-4}$	11	$680 \cdot 10^{-4}$
Azetylen	9	$2700 \cdot 10^{-4}$	11	$3880 \cdot 10^{-4}$
Steinkohlengas . . .	20	$1080 \cdot 10^{-4}$	21	$1340 \cdot 10^{-4}$
Stadtgas	24,5	$1110 \cdot 10^{-4}$	26	$1450 \cdot 10^{-4}$
Wassergas	41	$2160 \cdot 10^{-4}$	52	$4520 \cdot 10^{-4}$
Generatorgas	57	$330 \cdot 10^{-4}$	63	$500 \cdot 10^{-4}$

Spezifische Flammenleistung verschiedener Gase bei Verbrennung mit Sauerstoff.

Gas	Höchste spez. Flammenleistung kcal/cm²/s	v. H. Gas im Gemisch mit O_2 bei der höchsten spez. Flammenleistung
Wasserstoff	3,34	75
Kohlenoxyd	0,50	79
Methan	2,01	38
Azetylen	10,7	30
Propan	2,56	18
Wassergas	2,06	80
Stadtgas	3,03	58

Daraus ist beispielsweise die überragende spezifische Flammenleistung des Azetylens, die mehr als das Zehnfache der des Kohlenoxyds beträgt und die hohe des Wasserstoffs ersichtlich. Sehr gering ist die des Methans. Ferner erkennt man ohne weiteres die starke Abhängigkeit der spezifischen Flammenleistung von dem Mischungsverhältnis Gas: Luft.

Die Flammenleistung technischer Gase wird naturgemäß von der der Einzelgase bestimmt. Somit muß die des Wassergases trotz gleichen Wasserstoffgehaltes erheblich höher sein als die des Steinkohlen- oder Stadtgases, da im letzteren Fall die erheblich geringere Flammenleistung des Methans und der höhere Inertgasgehalt erniedrigend wirkt. Am geringsten ist die spezifische Flammenleistung des Generatorgases infolge des hohen Inertgasgehaltes. Diese kann durch Vorwärmung jedoch erheblich gesteigert werden.

Bei Vorwärmung von Gas und Luft erfährt die Gleichung der spezifischen Flammenleistung eine Umgestaltung folgender Art. Die Zündgeschwindigkeit u erhöht sich mit steigender Temperatur zu u_t, wobei $u_t > u$ ist. Ferner ist die der Zeiteinheit zugeführte Wärmemenge W zu untergliedern in den Heizwert und den fühlbaren Wärmeinhalt des zugeführten Gas-Luft-Gemisches. Da die Zündgeschwindigkeit u_t bei der Temperatur t gemessen wird, erniedrigt sich der Heizwert W (kcal/cm³) des Gas-Luft-Gemisches zu $W \cdot \dfrac{T}{273}$ (kcal/cm³). Hierzu kommt jedoch die fühlbare Wärme des Gas-Luft-Gemisches je cm³, also $1 \cdot c_{p_m} \cdot t \cdot 10^{-6}$ kcal.

Die Gleichung ändert sich demnach wie folgt:

$$J_s = \frac{\left(W \cdot \dfrac{T}{273} + 1 \cdot c_{p_m} \cdot t \cdot 10^{-6}\right) \cdot u_t}{k}.$$

30. Lichtleistung und Lichtausbeute.

a) Begriff.

Die Lichtausbeute einer Lichtquelle wird beurteilt nach:

1. der mittleren räumlichen Lichtstärke I_0 in Hefnerkerzen (HK). Eine Hefnerkerze ist die Lichtstärke, die eine unter Normalbedingungen brennende (in Deutschland als Lichtnormal eingeführte) Hefnerkerze als Licht in Horizontalrichtung ausstrahlt. Ihre Gesamtstrahlung beträgt 0,0000215 cal = 900 Erg s⁻¹ cm⁻², wobei die Werte $900~\text{Erg s}^{-1}\,\text{cm}^{-2}$;

2. dem in den gesamten Raum (Raumwinkel 4π) ausgestrahlten Lichtstrom Φ_0 in Lumen L_m bzw. in Lumenstunden. Ein Lumen wird von einer Lichtquelle mit der Lichtstärke 1 HK bei gleichmäßiger Strahlung in die Einheit des Raumwinkels ausgestrahlt. $\Phi_0 = 4\pi \cdot I_0$;

3. der Leuchtdichte Stilb. Die Leuchtdichte 1 Stilb ergibt sich, wenn die Lichtstärke 1 HK von einer ebenen Fläche von 1 cm² senkrecht von dieser abgestrahlt wird;

4. der Beleuchtungsstärke Lux. Die Beleuchtungsstärke 1 Lux ergibt sich, wenn der Lichtstrom 1 Lumen auf die Fläche 1 m² aufgestrahlt wird.

Wichtig ist ferner der Verbrauch an Brennstoff P/h (bei Gasen l/h, bei Flüssigkeiten g/h, bei elektrischen Lampen W/h), die bei Verbrennung des Brennstoffs (Zuführung des elektrischen Stromes) in der Zeiteinheit (h) entwickelte Wärmemenge V (kcal) und die in der Zeiteinheit (h) zur Unterhaltung des Leuchtens erforderliche Energie (Q).

Die Bewertung der Lichtquellen erfolgt

1. nach dem spezifischen Effektverbrauch $C_1 = P/I_0$, d. h. dem stündlichen Brennstoff- bzw. Stromverbrauch für 1 HK_0 bei mittlerer räumlicher Lichtstärke (für 1 sphärische Kerze);
2. nach der spezifischen Lichtleistung $C_2 = Q/I_0$ in W/HK_0,
3. nach der Lichtausbeute $C_3' = \Phi_0/Q$ oder $C_3'' = \Phi_0/V$.

In der nachfolgenden Zahlentafel sind die spezifische Lichtleistung C_2 und die Lichtausbeute C_3' nach Liebenthal[1]) für die wichtigsten Lichtquellen sowie für den sog. absolut schwarzen Körper bei 6500° abs, den Idealstrahler bei 4250° abs sowie für den Maximalstrahler wiedergegeben:

b) Spezifische Lichtleistung und Lichtausbeute verschiedener Lichtquellen.

Lichtquelle	Spez. Lichtleistung C_2 Watt/HK_0	Lichtausbeute Lm/Watt	Lichtquelle	Spez. Lichtleistung C_2 Watt/HK_0	Lichtausbeute Lm/Watt
Maximalstrahler. .	0,019	662	Gasgefüllte Metallfadenlampe . . .	0,7	18
Idealstrahler bei 4250° abs . .	0,051	248	Reinkohlenbogenlampe. . .	1,0	13
Schwarzer Körper bei 6500° abs . .	0,14	90	Vakuum-Metallfadenlampe . . .	1,4	9,1
			Kohlenfadenlampe	3,4	3,7
			Hängegasglühlicht	8,9	1,4
Quecksilber-Quarzlampe . .	0,30	38	Petroleumglühlicht	15	0,84
Flammenbogenlampe	0,4	31	Leuchtgas-Schnittbrenner.	43	0,29
				100	0,13

[1]) Physikalisches Handwörterbuch, 2. Aufl. 1932, S. 1398.

D. Hilfstafeln.

31. Einheiten und Kurzzeichen.
DIN 1301.

m	Meter	h	Stunde
km	Kilometer	m	Minute
dm	Dezimeter	min	Minute (alleinstehend)
cm	Zentimeter	s	Sekunde
mm	Millimeter		Uhrzeit: h, m, s; erhöht:
μ	Mikron		Beispiel 4^h 15^m 8^s
a	Ar	^{0}	Celsiusgrad
ha	Hektar	cal	Kalorie (Grammkalorie)
m^2	Quadratmeter	kcal	Kilokalorie
km^2	Quadratkilometer	A	Ampere
dm^2	Quadratdezimeter	V	Volt
cm^2	Quadratzentimeter	Ω	Ohm
mm^2	Quadratmillimeter	S	Siemens
l	Liter	C	Coulomb
hl	Hektoliter	J	Joule
dl	Deziliter	W	Watt
cl	Zentiliter	F	Farad
ml	Milliliter	H	Henry
m^3	Kubikmeter	mA	Milliampere
dm^3	Kubikdezimeter	kW	Kilowatt
cm^3	Kubikzentimeter	MW	Megawatt
mm^3	Kubikmillimeter	μF	Mikrofarad
t	Tonne	$M\Omega$	Megohm
g	Gramm	kVA	Kilovoltampere
kg	Kilogramm	Ah	Amperestunde
dg	Dezigramm	kWh	Kilowattstunde
cg	Zentigramm	U	Umdrehung
mg	Milligramm	Torr	mm QS

Ausschuß für Einheiten und Formelgrößen

32. Physikalisches und technisches Maßsystem.

a) Grundeinheiten.

α) im physikalischen Maßsystem (CGS).

Länge cm (Zentimeter), Masse g (Grammasse), Zeit s (Sekunde). Die Masse 1 g ist definiert durch die Masse von 1 cm³ Wasser bei $+4^0$C.

b) im technischen Maßsystem.

Länge m (Meter), Gewicht kg (Kilogrammgewicht), Zeit (Sekunde). Die Kraft 1 kg ist definiert durch die Kraft, mit der die Erde 1000 g (Masse) anzieht. 1 kg (Gewicht) = 1000 g (Masse) × Erdbeschleunigung (980,665 cm/s² für Meereshöhe und 45° Breite).

b) Abgeleitete Einheiten.

Einheit	Dimension techn. Maßsystem	Dimension physik. Maßsystem	Grundgleichung
Masse (M)	kgs²/m	g	
Kraft (K)	kg	g·cm/s² [Dyn]	Kraft = Masse × Beschleunigung
Arbeit (A)	mkg	g·cm²/s² [Erg]	Arbeit = Kraft × Weg
Leistung (L)	mkg/s	g·cm²/s³ [Erg/s]	Leistung = $\dfrac{\text{Arbeit}}{\text{Zeit}}$
Beschleunigung (b) .	m/s²	cm/s²	$b = \dfrac{\text{Geschwindigkeitsänderung}}{\text{Zeiteinheit}}$
Dehnung (ε)	⁰/₀	⁰/₀	$\varepsilon = \dfrac{\text{Verlängerung} \cdot 100}{\text{Ursprungslänge}}$
Dichte (ρ) (spezifische Masse)	kgs²/m⁴	g/cm³	Dichte = $\dfrac{\text{Masse}}{\text{Raumeinheit}}$
Drehmoment (M) . .	mkg	g·cm²/s²	M = Wirkung einer Kraft, bezogen auf den Drehpunkt
Elastizitätsmodul (E)	kg/cm²	g/cm²	$E = \dfrac{\text{Spannung}}{\text{Dehnung}}$
Energie, kinetische (L)	mkg	g·cm²/s²	$L = \dfrac{1}{2} \cdot m \cdot v^2$
Energie, potentielle (E)	mkg	g·cm²/s²	E = Gewicht × Höhe
Flächenträgheitsmoment (J)	cm⁴	cm⁴	
Geschwindigkeit (v) .	m/s	cm/s	Geschwindigkeit = $\dfrac{\text{Weg}}{\text{Zeiteinheit}}$
Gleitung, Schiebung (γ)	⁰/₀	⁰/₀	
Schubmodul (G) . . .	kg/cm²	g·cm/s²	$G = \dfrac{\text{Spannung}}{\text{Schiebung}}$
Spannung (τ) . . .	kg/cm²	g/cm²	Spannung = $\dfrac{\text{Kraft}}{\text{Flächeneinheit}}$
Spezifisch. Gewicht (γ)	g/cm³	g/cm²/s²	Spez. Gewicht = $\dfrac{\text{Gewicht}}{\text{Raumeinheit}}$
Spezifische Wärme (c)	kcal/Nm³ ⁰C	cm²/s² ⁰C	
Wärmemenge (Q) . .	kcal	g·cm²/s² ⁰C	
Winkelbeschleunigung (β)	1/s²	1/s²	Winkelbeschl. = Winkelgeschwindigkeitsänderung in der Zeiteinheit
Winkelgeschwindigkeit (ω)	1/s	1/s	Winkelgeschw. = überstrichener Winkel in der Zeiteinheit

33. Einheiten des Druckes.
a) Begriff.

Als Druck einer physikalischen Atmosphäre (Atm) gilt der Druck, den eine Quecksilbersäule von 760 mm Höhe bei einer Dichte des Quecksilbers von 13,5951 g/cm³ (0⁰) an einem Ort mit der Schwerebeschleunigung 980,665 cm/s² ausübt. Dieser Druck ist gleich 1013250 dyn/cm².

Als Druck einer technischen (metrischen) Atmosphäre (at) gilt der Druck, den eine Quecksilbersäule von 735,5 mm Höhe von 0° entsprechend 10000 mm Wassersäule von 4° an einem Ort mit der Schwerebeschleunigung 980,665 cm/s ausübt.

b) Vergleichstafel für Druckeinheiten.

Einheit	Atm	at kg/cm²	Bar	Torr
1 Atm	1	1,033228	1,013250	760
1 at	0,967841	1	0,980665	735,559
1 Bar	0,986923	1,019716	1	750,062
1 Torr	1,31579	1,35951	1,333224	1

34. Wärmeeinheiten.

Die gesetzlichen Einheiten für die Messung von Wärmemengen sind die Kilokalorie (kcal) und die Kilowattstunde (kWh).

Die Kilokalorie ist diejenige Wärmemenge, durch welche ein Kilogramm Wasser bei atmosphärischem Druck von 14,5 auf 15,5° erwärmt wird.

Die Kilowattstunde ist gleichwertig dem Tausendfachen der Wärmemenge, die ein Gleichstrom von 1 gesetzlichem Ampere in einem Widerstand von 1 gesetzlichem Ohm während einer Stunde entwickelt und ist 860 Kilokalorien gleich zu erachten. (Reichsgesetz vom 7. August 1924.)

1000 internationale Dampftafel-Kalorien (ITcal) = $^1/_{860}$ internationale kWh.

1 internationales Watt (int. W) = 1,0003 absolute Watt (W abs).

35. Elektrische Leistung (Watt).

a) bei Gleichstrom

Leistung = Stromstärke × Spannung

$$W = A \cdot V$$

b) bei Wechselstrom

Leistung = Stromstärke × Spannung × Leistungsfaktor

$$W = A \cdot V \cdot \cos \varphi \quad (\varphi = \text{Phasendifferenz}).$$

Der Leistungsfaktor (cos φ) stellt das Verhältnis der scheinbaren Leistung in Volt-Ampere zu der wirklichen Leistung in Watt dar.

c) bei Drehstrom

Leistung = Stromstärke × Spannung × Leistungsfaktor × $\sqrt{3}$

$$W = A \cdot V \cdot \cos \varphi \cdot \sqrt{3}.$$

36. Konstanten.

$\pi = 3,141596$ Erdbeschleunigung 980,665 cm/s.

Nullpunkt der absoluten Temperaturskala: — 273,2° C.

Normkubikmetergewicht der Luft (0°, 760 Torr, trocken): 1,2928 kg/Nm³.

Normmolvolumen der Gase unter Normalbedingungen: 22,4 Nm³/
/kg Mol.

Ausdehnungskoeffizient der Gase je °C = $^1/_{273}$ = 0,003665.

Kohlenstoffgehalt von 1 Nm³ eines Gases mit 1 Kohlenstoffatom
im Molekül (CO, CO_2, CH_4) = 0,535 kg.

Umrechnungsfaktor für Gase von 0°, 760 Torr, trocken auf 15°,
760 Torr, feucht: 1,073.

Basis der natürlichen Logarithmen e = 2,7182818.

37. Umrechnungstafel für Arbeitseinheiten.

Einheit	J (Joule)	kg m	int. J	int. Wh	IT cal	Atm dm³
10⁴ J (Joule) . . .	10000,0	1019,72	9997,0	2,77694	2388,17	98,6923
100 kg m	980,665	100	980,371	0,272325	234,20	9,67841
10⁴ int. J	10003,0	1020,02	10000	2,7788	2388,9	98,722
10 int. Wh	36011	3672,1	36000	10	8600	355,4
10³ IT cal	4187,3	426,99	4186,05	1,16279	1000	41,3255
100 Atm dm³ . . .	10132,5	1033,23	10129,5	2,81374	2419,8	100

1 Literatmosphäre = 1,000027 Atm · dm³; 1 m kg/cm² = 10000 kg m.

38. Ausländische Maßsysteme.

a) Englische und amerikanische Maßsysteme.

1 statute mile = 8 furlongs = 1760 yards = 5280 feet = 63360
inches.

1 nautical mile = 1,15 stat. mile = 2024,3 yards = 6082,66 feet
= 72864 inches.

1 rod (perch) = 5,5 yards.

1 acre = 160 square rods = 4840 square yards = 43560 square feet.

1 square yard = 9 square feet = 1296 square inches.

1 square mile (stat.) = 640 acres.

1 quarter = 8 bushels = 32 pecks = 64 gallons (imp.) = 256 quarts
= 512 pints.

1 gallon (imp.) = 4 quarts = 8 pints = 277,27 cubic inches.

1 register ton = 100 cubic feet = 172800 cubic inches.

1 long ton[1] = 20 hundredweights (cwt) = 80 quarters = 2240
pounds (lb).

1 short ton[2] = 2000 pounds.

1 pound (lb) (Avoirdupois)[3] = 16 ounces (oz) = 256 drams =
7000 grains.

1 pound (Troy)[4] = 12 ounces (Troy) = 96 drams = 5760 grains.

Amerikanisches Maßsystem.

1 gallon = 0,84 gallon (imp.) = 1,34 cubic feet = 231 cubic inches.

1 Petrol.-barrel = 42 Petrol.-gallons = 230,67 cubic inches.

[1] Gewicht von Rohprodukten. [2] Gewicht von Fertigprodukten. [3] Handels-
gewicht. [4] Feingewicht.

b) Umrechnung von englischen Zoll in Millimeter.

1 Zoll = 25,39998 mm

Zoll	0	1/16	1/8	3/16	1/4	5/16	3/8	7/16	1/2	9/16	5/8	11/16	3/4	13/16	7/8	15/16
0	0,000	1,587	3,175	4,762	6,350	7,937	9,525	11,112	12,700	14,287	15,875	17,462	19,050	20,637	22,225	23,812
1	25,400	26,987	28,574	30,162	31,749	33,337	34,924	36,512	38,099	39,687	41,274	42,862	44,449	46,037	47,624	49,212
2	50,799	52,387	53,974	55,561	57,149	58,736	60,324	61,911	63,499	65,086	66,674	68,261	69,849	71,436	73,024	74,611
3	76,199	77,786	79,374	80,961	82,549	84,136	85,723	87,311	88,898	90,486	92,073	93,661	95,248	96,836	98,423	100,01
4	101,60	103,19	104,77	106,36	107,95	109,54	111,12	112,71	114,30	115,89	117,47	119,06	120,65	122,24	123,82	125,41
5	127,00	128,59	130,17	131,76	133,35	134,94	136,52	138,11	139,70	141,28	142,87	144,46	146,05	147,63	149,22	150,81
6	152,40	153,98	155,57	157,16	158,75	160,33	161,92	163,51	165,10	166,68	168,27	169,86	171,45	173,03	174,62	176,21
7	177,80	179,38	180,97	182,56	184,15	185,73	187,32	188,91	190,50	192,08	193,67	195,26	196,85	198,43	200,02	201,61
8	203,20	204,78	206,37	207,96	209,55	211,13	212,72	214,31	215,90	217,48	219,07	220,66	222,25	223,83	225,42	227,01
9	228,60	230,18	231,77	233,36	234,95	236,53	238,12	239,71	241,30	242,88	244,47	246,06	247,65	249,23	250,82	252,41
10	254,00	255,58	257,17	258,76	260,35	261,93	263,52	265,11	266,70	268,28	269,87	271,46	273,05	274,63	276,22	277,81
11	279,39	280,98	282,57	284,16	285,74	287,33	288,92	290,51	292,09	293,68	295,27	296,86	298,44	300,03	301,62	303,21
12	304,79	306,38	307,97	309,56	311,14	312,73	314,32	315,91	317,49	319,08	320,67	322,26	323,84	325,43	327,02	328,61
13	330,19	331,78	333,37	334,96	336,54	338,13	339,72	341,31	342,89	344,48	346,07	347,66	349,24	350,83	352,42	354,01
14	355,59	357,18	358,77	360,36	361,94	363,53	365,12	366,71	368,29	369,88	371,47	373,06	374,64	376,23	377,82	379,41
15	380,99	382,58	384,17	385,76	387,34	388,93	390,52	392,11	393,69	395,28	396,87	398,46	400,04	401,63	403,22	404,81
16	406,39	407,98	409,57	411,16	412,74	414,33	415,92	417,50	419,09	420,68	422,27	423,85	425,44	427,03	428,62	430,20
17	431,79	433,38	434,97	436,55	438,14	439,73	441,32	442,90	444,49	446,08	447,67	449,25	450,84	452,43	454,02	455,60
18	457,19	458,78	460,37	461,95	463,54	465,13	466,72	468,30	469,89	471,48	473,07	474,65	476,24	477,83	479,42	481,00
19	482,59	484,18	485,77	487,35	488,94	490,53	492,12	493,70	495,29	496,88	498,47	500,05	501,64	503,23	504,82	506,40
Zoll	0	1/16	1/8	3/16	1/4	5/16	3/8	7/16	1/2	9/16	5/8	11/16	3/4	13/16	7/8	15/16

c) Vergleichstafel für deutsche, englische und amerikanische Maßsysteme[1]).

Maßsystem	Umzurechnen in	Multiplizieren mit
acre	m²	4046,87
Atmosphäre phys. (Atm.)	inch Hg	29,921
Atmosphäre phys. (Atm.)	inch Water	406,793
Atmosphäre phys. (Atm.)	pound (Av.)/square inch	14,6959
Atmosphäre techn. (1 at)	inch Hg	28,958
Atmosphäre techn. (1 at)	inch Water	393,55
Atmosphäre techn. (1 at)	pound (Av.)/square inch	14,2233
barrel (Petroleum-barrel)	m³	0,15876
B.Th.U.	kcal	0,251996
B.Th.U.	mkg	107,560
B.Th.U./sec	kWatt	1,0548
B.Th.U./sec	PS	1,4344
B.Th.U./cubic foot	kcal/m³	8,899 [2])
B.Th.U./long ton	kcal/t	0,2480
B.Th.U./net ton	kcal/t	0,27777
B.Th.U./pound (Av.)	kcal/kg	0,55554
B.Th.U./square inch	kcal/m²	390,57
bushel	l	35,239
°C	°F	$°C \cdot 1,80 + 32$
chain	m	20,1169
cm	inch	0,39370
cm²	square foot	0,001076
cm²	square inch	0,15500
cm³	cubic foot	0,000035314
cm³	cubic inch	0,061023
cubic foot	l	28,3168
cubic foot	m³	0,028317
cubic foot/long ton	m³/t	0,027869
cubic foot/net ton	m³/t	0,031215
cubic foot/pound (Av.)	m³/kg	0,062428
cubic inch	cm³	16,3872
cubic yard	m³	0,76455
°F	°C	$(°F — 32) \cdot 0,5555$
fluid ounce	cm³	29,573
foot	m	0,30480
foot pound (Av.)	Joule	1,3551
foot pound (Av.)	mkg	0,13825
foot pound (Av.)	PS	0,0018434
foot pound (Av.)	Watt	1,3551
foot ton (Engl.)	mkg	309,7
foot ton (Amer.)	mkg	276,5
g	dram	0,5645
g	grain	15,43236
g	ounce (Av.)	0,035274
g	ounce (Troy)	0,03215
g	pennyweight	0,64301
g	pound (Av.)	0,0022046
g	pound (Troy)	0,002679

[1]) cwt = hundredweight, lb = pound, Av. = Avoirdupois. In den Ver. Staaten erfolgt die Angabe von Gewichten von Rohprodukten in long ton, von Fertigprodukten in net ton (= short ton).

[2]) Da in Großbritannien und in den Vereinigten Staaten als Normzustand des Gases 15,5° C, 762 Torr, feucht gilt, beträgt der Umrechnungsfaktor bei Literaturangaben von B. Th. U./cbf. auf kcal/Nm³ anstelle von 8,899 richtig 9,55.

Maßsystem	Umzurechnen in	Multiplizieren mit
g/cm³	pound (Av.)/cubic foot	62,42
g/l	grain/gallon (Engl.)	70,115
g/l	grain/gallon (Amer.)	58,416
g/l	pound (Av.)/gallon (Engl.). . .	0,010017
g/l	pound (Av.)/gallon (Amer.) . .	0,008345
g/m³	grain/cubic foot	0,43701
gallon (Engl.)	l	4,5435
gallon (Amer.)	l	3,7854
gallon (Engl.)/cubic foot . . .	l/l	0,16045
gallon (Amer.)/cubic foot . . .	l/l	0,13368
gallon (Engl.) / long ton . . .	l/t	4,4718
gallon (Amer.) / net ton . . .	l/t	4,1727
gallon (Engl.) / square yard . .	l/m²	5,4340
gallon (Amer.) / square yard . .	l/m²	4,5273
gill	l	0,11829
grain (Av. und Troy)	g.	0,064798
grain/cubic foot	g/m³	2,2883
grain/gallon (Engl.)	g/l	0,014262
grain/gallon (Amer.)	g/l	0,017119
horse power (HP)	kcal	0,1782
horse power (HP)	kWatt	0,7453
horse power (HP)	mkg	76,042
horse power (HP)	PS	1,0139
hundredweight (cwt)	kg	50,8024
inch	mm	25,400000
inch Hg	Atmosphäre phys. (Atm.) . . .	0,03342
inch Hg	Atmosphäre techn. (at) . . .	0,034534
inch water	Atmosphäre phys. (Atm.) . . .	0,0024583
inch water	Atmosphäre techn. (at)	0,002541
Joule	foot pound (Av.)	0,7398
kcal	B.Th.U.	3,9683
kcal	horse power (HP)	5,6142
kcal	therm	0,000039667
kcal/kg	B.Th.U./pound (Av.)	1,8001
kcal/kg	therm/long ton.	0,040303
kcal/kg	therm/net ton	0,035985
kcal/m²	B.Th.U./square inch	0,0025604
kcal/m³	B.Th.U./cubic foot	0,11237
kcal/t	B.Th.U./long ton	4,0323
kcal/t	B.Th.U./net ton	3,6001
kg	hundredweight (cwt)	0,019684
kg	long ton (Engl.)	0,0009842
kg	net ton (Amer.)	0,0011023
kg	ounce (Av.)	35,274
kg	ounce (Troy)	32,151
kg	pound (Av.) = lb	2,20462
kg	pound (Troy) = lb	2,67923
kg/cm² siehe Atmosphäre techn.	—	—
kg/cm	pound (Av.) / inch	5,5997
kg/m	pound (Av.) / foot	0,67197
kg/m²	pound (Av.) / square foot . . .	0,20482
kg/m³	pound (Av.) / gallon (Engl.) . .	0,010017
kg/m³	pound (Av.) / gallon (Amer.) . .	0,008345
kg/t	pound (Av.) / long ton	2,2400
kg/t	pound (Av.) / net ton	2,0000
km	mile (nautical)	0,53961
km	mile (statute)	0,62137
kWh	B.Th.U.	860,38

Maßsystem	Umzurechnen in	Multiplizieren mit
kWh	foot pound (Av.)	$2,6567.10^6$
kWh	horse power	1,3418
l	bushel	0,028378
l	cubic foot	0,035315
l	cubic inch	61,0250
l	gallon (Engl.)	0,2201
l	gallon (Amer.)	0,26418
l	pint (Engl.)	1,7621
l	pint (Amer.)	2,1134
l	quart (Amer.)	1,0567
l	quarter (Engl.)	0,0034439
l/l	gallon (Engl.) / cubic foot . . .	6,2281
l/l	gallon (Amer.) / cubic foot . . .	7,4805
l/t	gallon (Engl.) / long ton . . .	0,22363
l/t	gallon (Amer.) / net ton	0,23965
lb siehe pound	—	—
long ton (Engl.)	kg	1016,047
m	foot	3,2808
m	inch	39,370
m	yard	1,0936
m²	acre	0,00024711
m²	square foot	10,7639
m²	square inch	1550,00
m²	square yard	1,19399
m³	barrel (Petroleum-barrel) . . .	6,2989
m³	cubic foot	35,3165
m³	cubic inch	61025,0
m³	cubic yard	1,3080
m³	gallon (Engl.)	220,10
m³	gallon (Amer.)	264,18
m³	pint	2113,4
m³	register ton	0,3532
m³/kg	cubic foot/pound (Av.)	16,0185
m³/t	cubic foot/long ton	35,883
m³/t	cubic foot/net ton	32,036
mile (nautical)	km	1,60935
mile (statute)	km	1,8533
mkg	B.Th.U.	0,092956
mkg	foot pound	7,2330
mkg	horse power (HP)	0,013151
mm	inch	0,039370
mm Hg	pound (Av.) / square inch . . .	0,0193368
net ton = short ton (Amer.) . .	kg	907,185
ounce (Avoirdupois)	g	28,3495
ounce (Troy)	g	31,1035
pennyweight (Troy)	g	1,55517
pinte (Engl.)	l	0,5680
pinte (Amer.)	l	0,5506
pound (Avoirdupois)	kg	0,4535924
pound (Troy)	kg	0,37324
pound (Av.) / cubic foot . . .	g/cm³ = kg/l	0,016019
pound (Av.) / cubic inch . . .	kg/cm³	0,027680
pound (Av.) / gallon (Engl.) . .	g/l	99,832
pound (Av.) / gallon (Amer.) . .	g/l	119,83
pound (Av.) / inch	kg/cm	0,17858
pound (Av.) / long ton . . .	kg/t	0,44643
pound (Av.) / net ton	kg/t	0,5000
pound (Av.) / square foot . . .	kg/m²	4,8824

Maßsystem	Umzurechnen in	Multiplizieren mit
pound (Av.) / square inch . . .	Atmosphäre techn.	0,070307
pound (Av.) / square inch . . .	Atmosphäre phys.	0,068046
pound (Av.) / square inch . . .	mm Hg	51,7149
PS	B.Th.U.	0,6972
PS	foot pound (Av.)	542,50
PS	horse power (HP)	0,9863
quart (Amer.)	l	1,1012
quarter (Engl.)	l	290,7814
register ton	m³	2,8316
rod (perch)	m	5,0292
short ton = net ton (Amer.) . .	kg	907,185
square foot	m²	0,092903
square inch	cm²	6,45163
square yard	m²	0,83613
t	long ton	0,98421
t	net ton (Amer.)	1,10231
therm	kcal	25210
therm/long ton	kcal/kg	24,274
therm/net ton (Amer.)	kcal/kg	27,790
yard	m	0,91440

39. Prüfsiebe und Körnungen.

a) Deutscher Prüfsiebsatz DIN 1171.

Gewebe-Nr.	Maschen-zahl je cm²	Lichte Maschen-weite mm	Draht-durch-messer[1]) mm	Gewebe-Nr.	Maschen-zahl je cm²	Lichte Maschen-weite mm	Draht-durch-messer[1]) mm
4	16	1,5	1,00	20	400	0,300	0,20
5	25	1,2	0,80	24	576	0,250	0,17
6	36	1,02	0,65	30	900	0,200	0,13
8	64	0,75	0,50	40	1600	0,150	0,10
10	100	0,60	0,40	50	2500	0,120	0,08
11	121	0,54	0,37	60	3600	0,102	0,065
12	144	0,49	0,34	70	4900	0,088	0,055
14	196	0,43	0,28	80	6400	0,075	0,050
16	256	0,385	0,24	100	10000	0,060	0,040

[1]) Zu verwenden ist nur Drahtgewebe von glatter Webart.

Zulässige Abweichungen.

		Durch-schnitts-wert °/₀	Größte Ab-weichung °/₀	Bereich der größten Ab-weichungen[1]) °/₀	Zulässige Anzahl[2]) °/₀
Draht-dicken	0,04—0,5 mm	5	10	—	6
	0,5 —0,9 mm	4	8	—	6
	über 0,9 mm	3	6	—	6
Lichte Maschen-weiten	10000—3600 Maschensieb	5	—	15—30	6
	2500— 576 ,,	5	—	12—25	6
	400— 64 ,,	5	—	10—20	6
	Gröbere Siebe	5	—	5—10	6

[1]) Die unter den angeführten Werten liegenden Abweichungen bleiben bei der Prüfung un-berücksichtigt.
[2]) Bezogen auf die größten Abweichungen der Drahtdicken bzw. den Bereich der größten Abweichungen der lichten Maschenweiten.

b) Englischer Siebsatz des Institute of Mining and Metallurgy (I.M.M.).

Maschen je Zoll	entspr. Maschen je cm	lichte Maschenweite (Drahtabstand) mm	Maschen je Zoll	entspr. Maschen je cm	lichte Maschenweite (Drahtabstand) mm
10	3,94	1,27	80	31,5	0,159
20	7,88	0,635	90	35,4	0,141
30	11,8	0,423	100	39,4	0,127
40	15,7	0,318	120	47,3	0,106
50	19,7	0,254	150	59,1	0,085
60	23,6	0,212	200	78,8	0,064
70	27,5	0,181			

c) Amerikanischer Standard-Siebsatz.

Sieb-nummer	Maschen je Zoll	Lichte Maschenweite in Zoll	mm	Drahtdurchmesser in Zoll	mm
2,5	2,58	0,315	8,00	0,073	1,85
3	3,03	0,265	6,73	0,065	1,65
3,5	3,57	0,223	5,66	0,057	1,45
4	4,22	0,187	4,76	0,050	1,27
5	4,98	0,157	4,00	0,044	1,12
6	5,81	0,132	3,36	0,040	1,02
7	6,80	0,111	2,83	0,036	0,92
8	7,89	0,0937	2,38	0,033	0,84
10	9,21	0,0787	2,00	0,030	0,76
12	10,72	0,0661	1,68	0,027	0,69
14	12,58	0,0555	1,41	0,024	0,61
16	14,66	0,0469	1,19	0,021	0,54
18	17,15	0,0394	1,00	0,019	0,48
20	20,16	0,0331	0,84	0,017	0,42
25	23,47	0,0280	0,71	0,015	0,37
30	27,62	0,0232	0,59	0,013	0,33
35	32,15	0,0197	0,50	0,011	0,29
40	38,02	0,0165	0,42	0,0098	0,25
45	44,44	0,0138	0,35	0,0087	0,22
50	52,36	0,0117	0,30	0,0074	0,19
60	61,93	0,0098	0,25	0,0064	0,16
70	72,46	0,0083	0,21	0,0055	0,14
80	85,47	0,0070	0,18	0,0047	0,12
100	101,01	0,0059	0,15	0,0040	0,10
120	120,48	0,0049	0,125	0,0034	0,086
140	142,86	0,0041	0,105	0,0029	0,074
170	166,67	0,0035	0,088	0,0025	0,063
200	200,00	0,0029	0,074	0,0021	0,053
270	270,26	0,0021	0,053	0,0016	0,041
325	323,00	0,0017	0,044	0,0013	0,035

c) Amerikanischer Siebsatz nach Tyler.
(Journ. Americ. Ceram. Soc. 11, 346, 1928.)

Maschen je Zoll	Lichte Maschenweite Zoll	mm	Draht-durchmesser Zoll	mm	Maschen je Zoll	Lichte Maschenweite Zoll	mm	Draht-durchmesser Zoll	mm
—	1,05 ~ 1	26,67	0,148	3,785	14	0,046 ~ 3/64	1,168	0,025	0,635
—	0,74 ~ 3/4	18,85	0,135	3,430	20	0,033 ~ 1/32	0,833	0,0172	0,437
—	0,52 ~ 1/2	13,33	0,105	2,669	28	0,023 —	0,589	0,0125	0,318
—	0,37 ~ 3/8	9,423	0,092	2,338	35	0,0165 —	0,417	0,0122	0,310
3	0,26 ~ 1/4	6,680	0,070	1,778	48	0,0116 —	0,295	0,0092	0,234
4	0,19 ~ 3/16	4,699	0,065	1,651	65	0,0082 —	0,208	0,0072	0,183
6	0,13 ~ 1/8	3,327	0,036	0,914	100	0,0058 —	0,147	0,0042	0,107
8	0,093 ~ 3/32	2,362	0,035	0,889	150	0,0041 —	0,104	0,0026	0,066
10	0,065 ~ 1/16	1,651	0,032	0,813	200	0,0029 —	0,074	0,0021	0,053

d) Korngrößen von Steinkohle.

Rhein. Westf. Syndikat Korngröße mm	Benennung	Oberschles. Revier Korngröße mm	Benennung	Niederschles. Revier Korngröße mm	Benennung
über 80	Stückkohle	über 80	Stückkohle	80—150	Stückkohle
50—80	Nuß I	70—90	Würfelkohle	35—80	Nuß I
		90—120	»		
25—50	Nuß II	30—40	Nuß Ia	20—150	Nuß II
15—25	Nuß III	25—45	Nuß Ib	12—35	Erbskohle I
8—15	Nuß IV	20—40	Nuß II	10—23	Erbskohle II
6—10	Nuß V	10—20	Erbskohle	6—12	Erbskohle III
0—8	Feinkohle	0—70	Kleinkohle	0,5—6	Erbskohle IV
0—0,4	Staubkohle	0—35	Rätterkleinkohle	0—10	Staubkohle
		0—10	Staubkohle		

Sächsisches Revier Korngröße mm	Benennung	Niedersächs. Revier Korngröße mm	Benennung
40—55	Waschwürfel I	über 75	Stückkohle
25—40	Waschwürfel II	45—75	Stückkohle I
20—27/19—26	Waschknörpel I	25—45	Stückkohle II
15—20/15—25	Waschknörpel II	15—25	Nuß III
12—15/ 8—15	Waschnuß I	0—10	Feinkohle
8—12	Waschnuß II		
3—8/2—8	Waschklare I		
1—3	Waschklare II		
0—1	Staubkohle		

e) Körnungen des Kokses.

Körnung	Gaskoks	Ruhrzechenkoks	Körnung	Oberschles. Zechenkoks
60—100 mm	Gasbrechkoks I	Brechkoks I	80—120 mm	Stückkoks
40—60 mm	Gasbrechkoks II	Brechkoks II	60—80 mm	Würfel I
20—40 mm	Gasbrechkoks III	Brechkoks III	40—60 mm	Würfel II
10—20 mm	Gasperlkoks	Brechkoks IV	24—40 mm	Nuß I
0—10 mm	Gaskoksgrus	Koksgrus	16—24 mm	Nuß II
			0—10 mm	Koksgrus

Kennfarben für Rohrleitungen

DIN 2403

Kennfarbe[1]	Verwendung für	Kennzeichnung der Rohrleitungen[2]		
rot	Dampf	rot — Sattdampf rot | weiß | rot — Heißdampf	rot | grün | rot — Abdampf	
grün	Wasser	grün — Trinkwasser grün | weiß | grün — Warmwasser grün | gelb | grün — Kondenswasser grün | rot | grün — Preßwasser (Speisewasser)	grün | orange | grün — Salzwasser Sole grün | schwz | grün — Nutzwasser Flußwasser grün | schwz | schwz | grün — Schmutzwasser Abwasser grün — Spülversatz	
blau	Luft	blau — Gebläseluft blau | weiß | blau — Heißluft	blau | rot | blau — Preßluft blau | schwz | blau — Kohlenstaub	
gelb	Gas	gelb — Gichtgas (Hochofengas und andere Schmelzofengase) gereinigt gelb | schwz | gelb — Gichtgas (Hochofengas und andere Schmelzofengase) roh gelb | blau | gelb — Generatorgas gelb | rot | gelb — Stadtgas (Leuchtgas) Koksofengas gelb | grün | gelb — Wassergas gelb | braun | gelb — Ölgas	gelb | weiß | gelb | weiß | gelb — Azetylen gelb | schwz | gelb | schwz | gelb — Kohlensäure gelb | blau | gelb | blau | gelb — Sauerstoff gelb | rot | gelb | rot | gelb — Wasserstoff gelb | grün | gelb | grün | gelb — Stickstoff gelb | lila | gelb | lila | gelb — Ammoniak	
orange	Säure	orange — Säure	orange | rot | orange — Säure, konzentriert	
lila	Lauge	lila — Lauge	lila | rot | lila — Lauge, konzentriert	
braun	Öl	braun — Öl braun | gelb | braun — Gasöl braun | schwz | braun — Teeröl	braun | rot | braun — Benzin braun | weiß | braun — Benzol	
schwarz	Teer	schwarz — Teer		
grau	Vakuum	grau — Vakuum		

[1]) Die Angabe gilt als Richtlinie für das Anreiben der streichfertigen Farben.
[2]) Gilt nur für fertig verlegte Rohrleitungen. Jedem Betriebe ist überlassen, die Rohrleitungen in ihrer ganzen Länge mit der Kennfarbe zu streichen oder die Kennzeichnung durch Anhängeschilder, farbige Bänder, farbige Pfeile — die gleichzeitig die Durchflußrichtung angeben — oder auf andere Weise vorzunehmen.
Für Rohrleitungspläne sind die Kennfarben nach Spalte 1 zu wählen. Dem Verwendungszweck entsprechende Unterscheidungen werden durch hellere oder dunklere Tönung der Kennfarben gemacht. Diese sind durch eine Farbtafel auf den Rohrleitungsplänen zu erläutern.
Den Firmen bleibt überlassen, Druckangaben durch Anbringen mehrerer farbiger Striche zu kennzeichnen und diese Maßnahme entsprechend zu erläutern.

Fachnormenausschuß für Rohrleitungen

41. Ionenleitfähigkeit.

Grenzleitfähigkeit verschiedener Ionen bei 18°.

Kationen				Anionen			
H	315	$\frac{1}{2}$ Sr	51,6	OH	175	MnO_4	53,1
Li	33,5	$\frac{1}{2}$ Ba	55,3	F	46,6	$\frac{1}{2}$ SO_4	68,5
Na	43,5	$\frac{1}{2}$ Zn	46	Cl	65,4	$\frac{1}{2}$ CrO_4	72
K	64,6	$\frac{1}{2}$ Cd	47,5	Br	67,5	$\frac{1}{2}$ CO_3	70
NH_4	64,8	$\frac{1}{3}$ Al	40	J	66,0	Formiat	47,4
N $(C_2H_5)_4$	28,1	$\frac{1}{2}$ Pb	61,3	CNS	56,5	Azetat	32,5
Ag	54,3	$\frac{1}{3}$ Cr	45	ClO_4	58,3	Pikrat	25,3
$\frac{1}{2}$ Cu	46	$\frac{1}{3}$ Mn	44	NO_3	61,8	$\frac{1}{2}$ Oxalat	62,5
$\frac{1}{2}$ Mg	45,5	$\frac{1}{2}$ Fe	45				
$\frac{1}{2}$ Ca	51,5	$\frac{1}{2}$ Ni	45				

Die Grenzleitfähigkeit von Salzen ergibt sich als Summe der Grenzleitfähigkeiten der entsprechenden Kationen und Anionen.

42. Abschreibungssätze für Gaswerke.

Betriebsgebäude	2—3,5%	Mobilien	10%
Gaserzeugungsöfen	5—10%	Gasmesser	6—10%
Kühler, Wäscher	4—5%	Beleuchtung einschl. Fern-	
Gassauger	4—6%	zündung	3—5%
Reiniger	4%	Druckregler	4%
Maschinen, Apparate	5—8%	Fahrzeuge	20—50%
Nebenbetriebe	7—15%	Elektrische Einrichtungen:	
Gasbehälter	3—4%	Elektromotoren	5%
Dampfkessel	5%	Akkumulatoren	10%
Dampf- und Wasserleitungen	6%	Schaltanlagen	7%
Rohrleitungen	3—5%	Kabel	3,3%
Werkstätten	10%		

43. Gifte und Vergiftungen.

Ammoniak: Reizung und Entzündung der Augen und Atmungsorgane, Hustenanfälle, Atemnot, Erbrechen, Krämpfe. Lebensgefährlich 2,5 bis 5 g/m^3. Gegenmittel: Künstliche Atmung, Chloralhydrat.

Benzin: Narkotisierende Wirkung, Kopfschmerz, Rauschzustände, Herzschwäche, Empfindungslosigkeit, Muskelzucken. Lebensgefährlich 25 g/m^3. Gegenmittel: Künstliche Atmung, kalte Übergießungen.

Benzol: Narkotisierende Wirkung, Nervengift, blasse Hautfarbe, gerötete Lippen, Bewußtlosigkeit, Halluzinationen. Verminderung der weißen Blutkörperchen, bei Benzolabkömmlingen auch der roten. Chronische Vergiftung, zumeist durch subkutane Einwirkung, führt zu Haut- und Schleimhautblutungen, sowie zu fettiger Degeneration von Herz, Nieren und Leber. Gefährlich 20 g/m^3. Gegenmittel: Künstliche und Sauerstoffatmung.

Chlor: Reizung und Entzündung der Schleimhäute, Hustenreiz, Atemnot, Schwindel, Zerstörung des Lungengewebes; auf der Haut

Entzündung, Blasenbildung, Reizung der Hautdrüsen. Gefährlich 0,05 g/m³. Gegenmittel: Künstliche Atmung, Einatmen von Amylnitritdampf, Morphium.

Cyanwasserstoff: Schwindel, Herzklopfen, Übelkeit, Erbrechen, Atemnot, Lähmung der fermentativen Prozesse der Gewebe, Krämpfe, Bewußtlosigkeit, Erniedrigung der Körpertemperatur, Blaufärbung der Haut. Gefährlich 0,1 g/m³. Gegenmittel: Sauerstoffatmung, Magenspülung, bei Krämpfen Morphium, bei Herzschwäche Kampferinjektion.

Kohlendioxyd: Schwindel, Atemnot, Krämpfe, Bewußtlosigkeit. Gefährlich 3 bis 4 Vol.-%, vor allem bei gleichzeitiger Erniedrigung des Sauerstoffgehaltes der Luft. Gegenmittel: Frische Luft, Sauerstoffatmung, kalte Übergießungen.

Kohlenoxyd: Steigerung des Blutdrucks, Druck in den Schläfen, Schwindel, Übelkeit, Verfärbung des Bluts nach hellrot infolge der Bildung von Kohlenoxydhämoglobin (das die Sauerstoffaufnahme des Blutes verhindert), Blaufärbung der Haut, Atemnot, Bewußtlosigkeit, Lähmungen. 0,05% wirken nach mehrstündigem Einatmen schädlich, 0,2% sind nach etwa einer halben Stunde gefährlich, 0,5% wirken nach 5 bis 10 min tödlich. Chronische Vergiftung: Kopfschmerzen, Schwindel, allgemeine Schwäche, Schlaflosigkeit. Gegenmittel: Sauerstoffatmung, starker schwarzer Kaffee, kalte Übergießungen, Frottierung, Kampfereinspritzung.

Methylalkohol: Kopfschmerzen, Muskelschwäche, Erbrechen, Erkrankung der Augenbindehaut, Lähmung der Sehnerven (oft Erblindung), Atmungslähmung.

Naphthalin: Reizung der Schleimhäute, Hautentzündungen, Ekzeme.

Phenol: Hautätzung, Störungen der inneren Organe, Ohnmachtsanfälle, Krämpfe.

Schwefelkohlenstoff: Benommenheit, Unempfindlichkeit, Nachlassen der Reflexbewegungen, Bewußtlosigkeit, Lähmungen, Sehnervenstörungen. Chronische Störungen: Schwindel, Gliederschmerzen, Lähmungen, Abmagerung, Geruchs- und Geschmacksstörungen, Schädigung des Zentralnervensystems. Gegenmittel: Sauerstoffatmung, Schwitzbäder, kalte Übergießungen.

Schweflige Säure: Reizgas, Entzündung der Schleimhäute, Hustenreiz, Atemnot, Lungenentzündung. Gefährlich 0,5 g/m³. Gegenmittel: Sauerstoffatmung. Infusion von Natronlauge (0,05 bis 0,1 proz.).

Schwefelwasserstoff: Schwindel, Kopfschmerz, Krämpfe, starkes Nervengift, Bewußtlosigkeit, Entzündung der Augenbindehaut. Untere Grenze der Geruchsempfindlichkeit 0,000013%, leichte Beschwerden 0,01%, starke Übelkeit 0,025%, gefährliche Schädigungen

0,05%, Bewußtlosigkeit 0,08%, schnelle Todeswirkung 0,1 bis 0,2%. Chronische Vergiftungen: Bindehautkatarrh, Müdigkeit, Verdauungsstörungen, fahle Gesichtsfarbe, Abmagerung, Furunkelbildung. Gegenmittel: Sauerstoffatmung, Kampfereinspritzung.

Teer. Einwirkung auf die Haut und die Atmungsorgane. Appetitlosigkeit, Kopfschmerzen, Darmstörungen, Albuminurie, Teerkrätze (Ekzeme) oder Schuppenbildung auf der Haut, krebsartige Geschwülste, Ödeme.

Sachregister.

www.ingramcontent.com/pod-product-compliance
Lightning Source LLC
Chambersburg PA
CBHW081225190326
41458CB00016B/5682